教育部新世纪优秀人才支持计划资助项目（项目编号：NCET–10–0063）
黑龙江省科技攻关计划资助项目（项目编号：GZ10A509）资助

建筑院校计算机辅助设计译丛

编程·建筑
PROGRAMMING. ARCHITECTURE

[英] 保罗·科茨　　　著

孙澄　姜宏国　刘莹　译

中国建筑工业出版社

教育部新世纪优秀人才支持计划资助项目（项目编号：NCET-10-0063）
黑龙江省科技攻关计划资助项目（项目编号：GZ10A509）资助

著作权合同登记图字：01-2011-7327号

图书在版编目（CIP）数据

编程·建筑／（英）科茨著；孙澄等译．—北京：中国建筑工业出版社，2012.8
（建筑院校计算机辅助设计译丛）
ISBN 978-7-112-14537-9

Ⅰ.①编…　Ⅱ.①科…②孙…　Ⅲ.①计算机应用–建筑设计　Ⅳ.①TU2-39

中国版本图书馆 CIP 数据核字（2012）第172399号

本书由 Routledge 授权我社翻译、出版、发行中文版

责任编辑：戚琳琳　董苏华
责任设计：董建平
责任校对：姜小莲　赵　颖

建筑院校计算机辅助设计译丛
编程·建筑
[英] 保罗·科茨　　著

孙澄　姜宏国　刘莹　译
*
中国建筑工业出版社出版、发行（北京西郊百万庄）
各地新华书店、建筑书店经销
北 京 嘉 泰 利 德 公 司 制 版
北京云浩印刷有限责任公司印刷
*
开本：787×1092毫米　1/16　印张：$12\frac{1}{4}$　字数：306千字
2012年9月第一版　2012年9月第一次印刷
定价：45.00元
ISBN 978-7-112-14537-9
　　　（22598）
版权所有　翻印必究
如有印装质量问题，可寄本社退换
（邮政编码 100037）

目　录

怎样阅读这本书

有关本书的网络参考资料和一些其他信息可到下面下划线上的网站查询。

关于本书的主题有一个词汇索引，包含了对于教材内容作进一步讲解的内容或者网络链接。读者可登录下面网站进行查看：

http://uelceca.net/index_and_glossary.htm

如果你的浏览器是最新版本，输入一个字并且右击，浏览器会显示"search Google for..."，通常能够由此连接到 Wikipedia 或者有效的搜索。

本书的印刷包含以下四种字体：

1. 书中的正文部分为宋体。

2. 书中的程序代码为复制的外文书信体，表示一段在语法结构上正确的程序语言。

3. 书中的伪代码采用复制的外文书信斜体，表示一种描述算法但不能在计算机中运行的语言。

4. 书中的引文及图形标注采用楷体。

致谢

本书得以成功编著，要特别感谢以下朋友的鼓励与支持：

为本书的编写工作提供帮助或者提供书中图片的朋友：

- Simon Kim
- Pablo Miranda
- Tim Ireland
- Ben Doherty
- Christian Derix
- Robert Thum（整体结构部分）

为书中实验与仿真提供帮助的朋友：
- Christian Derix——吸引/排斥模型
- Pablo Miranda——寻光机器人和群体智能
- Jennifer Coates——Chomsky 的哲学背景和相关建议
- Helen Jackson and Terry Broughton——Isystem/gp evolution
- Bill Hillier——阿尔法语法和语言
- 建筑学硕士课程 Computing and Design/Diploma Unit 6 的所有学生
- Melissa Woolford——组织相关会议来探究发展和促进现实建筑学程序设计方法

另外，还要感谢国家卫生局的医生护士以及他们提供的设备；来自 BIRU Whittington 的 Holly，Bibi，Izzy，Heather 和 Mounia；感谢 Edgeware 社区医院和伊斯灵顿治疗中心。

To Tara

着眼于中间

简述建筑学研究的本质

在科学研究中往往存在两个对立面，就像在学术界已被认知的 C.P.Snow 的二元分法——科学和艺术。自 Bertallanffy 以来，就出现了第三种途径，他希望将两个对立面融为一体，并把这种思想称为系统理论。

本书的思想是建筑学研究应该定位在任何一组可界定的对立面之间。建造科学已经发展为应用物理学的一个分支，艺术史学则通过法国哲学家转变为批判性理论，这两者都不会对实际建筑设计和设计者产生即刻的影响。

本书主要讨论建筑设计过程中涉及几何学、拓扑学和生成结构的研究。我将会探究最后一个方面，因为在生成结构中有一些合乎主题的内容，这就是所谓"新认识论"。其实，这个新认识论就是一个关于怎样着落在中间点的完美实例。

如果我们着眼于空间和形体的"空间观"，就能够以一些简单数学法则为基础将塑造空间与形体的过程作为设计的一部分。这个过程是近代经由数学与计算机科学方面的实验长期发展形成的理论思想的一部分，例如细胞自动机、集群现象、反应扩散系统以及进化算法。这些视觉形式和空间组织的新途径都表现出"自组织形态"的现象，经常被冠以"涌现"的标题。

这种方法为建筑学提供了一个很好的范式，用很多相互联系的反馈回路、动态关系和底层模型产生的不确定突发结果，替代了静态几何和传统还原。同时，这将产生一些新的认识——群体的共识——来替换设计者的探索。

这本书旨在解释这些系统作为利用这些模型探究空间怎样形成群和群怎样产生空间；广场和市场，哪一个先产生？我们可以将变化的环境看做信息的携带者，正如建筑改变环境那样，变化的环境改变了建筑的职能；把建筑看做空间占用的一个过程。

算法

现如今，计算机学科中算法的应用越来越普遍。很多词汇，例如"过程"衍生出的词汇"设计过程"或者"建筑过程"，都可以被用来描述一些软件的应用。这也就意味着，着眼于中间的思想可以看做一系列设计过程的中间工作。传统的建筑设计过程是随着时间逐渐进行的，而我们要探究的就是摆脱时间的限制。对于一个动态的系统，我们可以通过运行算法来预知设计的结果。

因此，我们可以利用图、动作以及各种绘图来设计算法，但需要将操作、问题描述以及问题的目标紧密地联系在一起。当把算法表示成语言时，算法的描述相对于问题目标的距离进一步加大，这种抽象成语言的做法就会涵盖许多种的语法规则。而在语法中普通意义上的语法和结构语法哪个重要一直存在争议，但前者作为程序文本的基础要比后者更加开放。

因此算法通常以某种语言的程序文本的形式表达。这个程序文本是要用某种语言来书写。任何语言都包含两个要素：

1. 由一些规定可用的字母或符号构成的程序语言词库；
2. 将一些单独的程序词汇组合成指令语句的规则方法，也就是语法规则。

语言可以分为两种：自然语言和人工语言。

自然语言

自然语言已经在人与人之间的生活中发展了 10 万年左右了。语法学家和语言学家花了数千年来研究语言是怎样作用的，由于我们还不是很了解大脑是如何工作的（假设大脑的作用不可或缺），他们最初将语言的正式结构定义为基于拉丁文的一系列人为创造的规则（拉丁语是一种人造语言，但在人类社会中已经有 1500 年左右不被使用了）。语法的一个重要方面就是语法机制或者文本按照语法的分解。在 20 世纪，Onions 和之后的 Chomsky 定义了语法系统，也就是语法规则。即人们怎样运用该规则把一篇文章分解成基本的语句，再应用同样的方法将所得到的语句继续分解，直到得到基本的语句成分。这种简单的方法同样可以反向地运用，从语言最基本的组成部分进行合理的组合形成一个正确的句子。对此，Chomsky 称为生成语法。Chomsky 说过一句著名的话："语法应该能够生成一种语言中所有具有良好结构的句子"。这里的良好结构指的是语法正确。我们按语法生成句子，但语法正确不能保证在语义上有用处，但语法上不正确一定会妨碍语义上的意义——你不可能明白没有语法规则的句子的含义，因为你无法确定句子的各个组成部分表达的是哪个意向。

Chomsky 的观点是，对于这个生成方案，可以用数学的方式表示：

- 有限的词库（对于受过一般教育讲英语的人 40—120000 个词汇量）；
- 有限的语法（有一套固定的词汇组合规则）。

然而，用词语生成无数个正确句子却是可能的。这不仅是将 49 个音标按照一定方式进行组合（英语中共有 49 个音标），而且可以产生无数结构上正确的句子。

实际上，即使是只含有很少一些词汇和语法规则的语言（如第三章阐述的简单的 Lindenmayer 系统），也能够产生相当数量的语句形式。

对于一些设计或者项目，生成语法思想（在 Chomsky 的术语学中）的运用会比单纯摆弄参数提供更多的可能性。这将有助于产生尽可能多的设计思路，对于设计思想的深层次重构有重要意义。不仅如此，如果你要利用以"图灵机"为模型的计算机，就可以用文本程序语言来提供更灵活和抽象的表示。

语言的优势在于：

1．能够生成无数个语法正确的句子；

2．它能够被以递归方式解析，允许嵌入、多重分支以及具有很多的组合可能性。

人工语言

自然语言含有不确定的语法并且其词库会随着自然演变和发展发生主观变化。而人工语言则具有明确的语法和词库。

我们可以利用这些人工语言来描述算法，这是一类可以用计算机程序代码描述的算法。程序代码是一种很特殊的文本。如果经过适当的训练，人们就可以读懂程序代码；这点和自然语言中一样，如果你没学过法语，也就看不懂普鲁斯特的法语拼写。正如德国媒体理论家 Friedrich Kittler 所说，程序代码是唯一能够阅读自身的文本，其中一个著名的例子就是 Pascal 编译程序（Pascal 语言是一种结构性良好的语言，在 20 世纪 70 年代由 ETH 的 Niklaus Wirth 创造，以 17 世纪法国的数学家、哲学家 Pascal 命名）。

Pascal 编译程序使用 Pascal 语言编写，Pascal 语言是一种类似英语语法的高级语言。要使计算机能够将编写的程序变成可执行的一系列二进制代码（0 和 1），我们需要一种叫做编译器的软件，来将 Pascal 语言编写的程序翻译成机器代码。但编译器并不是原本就存在的，它其实也是一个由 Pascal 语言编写的程序，所以，在编译要运行的程序代码之前，Pascal 编译程序需要首先将自身的代码编译成为一个编译器。这就是所谓的自我开发，这件看起来不可能的工作就是由一系列软件完成的，首先有一个开启工作的软件，其次是解读软件，最后就是解读后的更深层次的软件，依此逐渐往下工作。

计算机语言是什么？

很多人有时会把任何有关技术的语言文本都看做程序代码，这样是不合适的。例如 HTML（超文本标记语言，用于互联网页描述）就不是本书所要探讨的那种语言，它其实是一段数据。它虽然有明确的语法和词库，但是它必须经过用程序设计语言编写的一套能够根据这些数据在电脑上显示字或图片的算法才能够生成网页。

还有一个相似的例子就是纯数据。作为一个能够阅读自身的文本，需要具有特定的表示、控制结构以及算术运算。HTML 或者纯数据只是一些名词的集合，而一个程序文本需要另外包含动词、形容词和副词。

计算机语言是基于图灵机的基本操作的，计算机应具备对某种数据结构进行存储数据、读取数据或数据地址的能力。Pascal 编译器之所以能够编译自身的代码，就是因为图灵机不加区分地把程序和数据存储在一起（即所谓的"存储程序计算机"）。在图灵机中，一段数据可以作为一条指令，一条指令也可以生成一段数据。这种固有的自反性就是计算机能够利用程序代码进行自我开发的原因。

因此，我们可以通过写程序代码完成一些复杂的算法。这就是本书的要义，也是在书中对生成设计进行一系列描述的原因。通过专注于算法我们可以用通用的词汇和语法在建筑设计的两个对立面之间架起对话理解的桥梁，在设计过程中不去限定所要设计的一些模糊的部分，但是能够得出一系列的结果。

第一章

反思表现

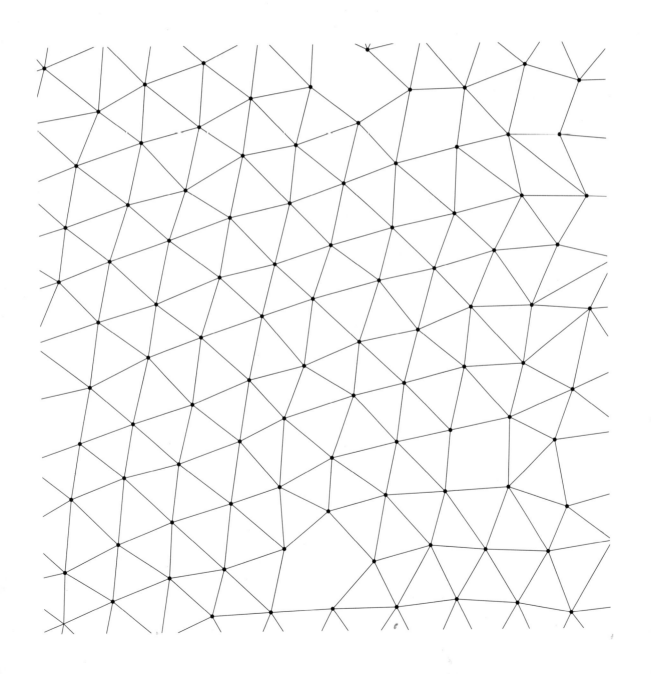

前言部分对设计表达做了简要的描述。对 Chomsky 的思想做了基本的陈述：有限的语法和词库可以生成无数有效用的结构。可以将这种思想运用到程序设计语言中，通过编写程序来模拟生成的建筑，用来表示空间和形态的结构特征。这就是生成算法，应包含对研究对象的完整描述，包括对于对象的测量、分析，对象的图解以及对象的具体实现等。

我们所编写的程序作为一种人工语言，通常还要依赖于一些硬件加以实现。这里所说的硬件一般是指图灵机的一些开发产品，这些硬件可以提供多种多样的功能表现，从简单的制表到硬件编程、3D 打印以及沉浸式虚拟环境。这些方面都只是一些底层算法的呈现，也是最原始的表现。同时令 300 人去遵循指令并将算法推演出来是有可能的（就像同步的游泳者一样），对此，下面讲的内容会有所体现。

一些简单程序文本实例

首先要探究的问题是怎样用标识语言（Logo language 由 Seymour Papert 编写的一种值得尊敬的人工智能（AI）语言，有关 Papert 的经历将会在下一部分详细叙述）来描述一些简单的几何图形或实体，例如圆、球体以及其他的一些多面立体图形。

三角形和圆形

对于二维的情况，可以通过下面一个实验来验证通过程序描述图形的方法。在二维平面中，有许多点随机地散置在平面上。

对每个点规定以下规则：

- 搜索所有其他的点，找到离自己最近的那个点；
- 然后向远离最近的点的方向进行移动。

所有的点都同时按照上述规则进行移动。

这样就会出现一个问题：对于某个点，在远离离自己最近的点的过程中，该点可能会离其他的点相对更近一些。对于这个问题，我们无须担心，因为如果一个点碰到这种情况，它就会改变方向，然后远离他们。要注意，所有的点都是同时按照这个规则运动的。

我们可以用 NetLogo 语言向电脑输入上述规则来展示这些点的运动情况，这样就可以很简单的建立一个并行计算的机制。众多点可以用"海龟"来描述。"海龟"是一种自主的计算机运算单元，所有的"海龟"都遵循下面的程序：

```
to repel
ask turtles
[
    set closest-turtle min-one-of other
        turtles [distance myself]
    set heading towards closest-turtle
    back 1
]
end
```

为了理解这段代码的含义，首先来观察下面所示的代码框架：

```
to repel

    do something

end
```

因为我们要为计算机定义怎样去做，所以要用"to repel"作为开头（因为各个点是靠潜在的排斥力达到静止）。To 和 end 之间的内容是真正的代码。然后是短语"ask turtles"，你可能会有疑问，是谁发出的请求？海龟是指空间中的点，它们相当于很多小的计算机单元，程序运行时会给所有的海龟发送信息，让它们执行中括号里边的程序代码。

也就是下面三条语句：

```
1)  set closest-turtle min-one-of other
    turtles [distance myself]
2)  set heading towards closest-turtle
3)  back 1
```

程序运行时，海龟会被告知去寻找离它最近的那个点。它们必须要记住离自己最近的是哪个海龟，这一点可以通过将最近的海龟的标识存储到名为"closest-turtle"的变量中。然后，海龟被告知向远离那个点的方向移动一步。

有意思的是，我们还必须要计算机记住其他海龟所在的地址。如果一只海龟向所有的海龟（包括自身）发出 ask 的信息，那么就会得到最近距离为零，就意味着那只小海龟向远离自己的方向移动，显然这不是我们想要的。这是一个很好的例子来说明我们为什么不得不为这些呆呆的机器们编写最傻瓜的程序语句。

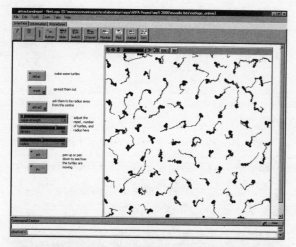

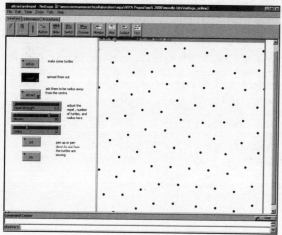

左侧上面的那张图展示的是运行上述程序后海龟从最初散落的点到相互间构成三角形网格的过程中的移动痕迹。系统一共运行了 500 步，我们可以看到海龟能够较快地找到合适的位置并待在那里（海龟的移动轨迹都不是很长而且移动轨迹相互之间无交叉）。

上述的程序还有本书中的很多其他的程序实例都是用 NetLogo 语言编写的。NetLogo 语言的产生要追溯到 20 世纪 60 年代的 LISP 语言（见第三章），在 LISP 语言的基础上出现了 Logo 语言（在下一章会有描述），之后又进一步产生了 StarLogo 语言，而 NetLogo 语言就是由 StarLogo 语言发展而来的。更多的知识可以去了解关于 Resnick（1994）的一些资料。

这些海龟静止之后构成了三角形的形态，下面是这些点连成的三角形网格。

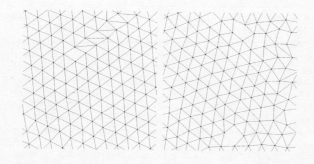

左边是程序运行后连接成的两幅图形。每幅图的持续时间都不长，像所有的动态系统那样，任意时刻的形态都可以捕捉，但是会随着海龟的不停移动而消失。

生成网格

在一些排斥力的作用下，平面上所有的点都保持静止，形成三角形网格的图，因为当它们偏离网格交点时就会处在一个不稳定的状态，然后会重新退回到原来的位置。要注意的是，这些点的摆动并不包含在算法内（算法只包含前面所述的两条规则）。我们期待上述算法能够得出什么？看上去好像是点的漫无目的的移动；然而，实际上这些点在某种潜在的同那两条规则没有关系的力的作用下达到静止。这是一个"涌现"的例子，其思想是：通过不断的并行运算，产生一个高度有序的图形；它的生成原理是所形成的三角形网络是耗能最少的平衡点组成的二维网格，每个点与其相邻的 6 个点距离相等。这也是我们第一个算法示例，它具有模型的认知独立性（在这里的模型是指 repel 程序的代码），独立于算法的结构输出。也就是说，生成的稳定的三角形网格（上述算法的结构输出）并没有明确地写入算法规则中，是一个有关分布式表达的例子。

分布式表达

上述算法也是阐释分布式表达概念的例子。算法运作的方式就是写入一定的规则让每个海龟都同时去遵循。每一个海龟（也就是一些小的自主运算单元）都运行上述的程序，作出自身的判断——谁离自己最近——独立于其他海龟进行运动——转定方向、后退。上述的 repel 算法是该系统中唯一可用的描述，其他的任何东西只不过是一般的排定事件或者整个模拟活动的启停，并且活动的表达是由所有的海龟展现出来的。海龟能够彼此影响，并且具有一些可视的限制力量，例如他们能够"感应"到离自己最近的海龟并作出适当的反应。但是他们并不知道三角形网格的形成，因为这只能被全局观察者观察到，也就是在操作计算机进行模拟的人员（即你本人）。不同层次的观察者之间的差别是分布式表达的一个主要方面，这在本书后面部分会经常被提到。对于分布式模型，那些小的自主程序之间存在的反馈是至关重要的；如果每个海龟都不注意相邻海龟，那么就什么都不会产生。这在下面要介绍的细胞自动机和本章末尾的 Pondslime 算法中有明显的体现。

将这些自下而上的小程序与做三角网格的常规方法相比较是很有意义的。当然，仅利用简单的 Wallpaper 算法也可以有很多描述作图的方法。

Wallpaper 算法

绘制一条点间隔为 1 的虚线，然后按照下面的原则添加第二条虚线：将上一条虚线上的所有点在 X 方向上同时偏移 0.5 的距离，在 Y 方向上同时偏移 $\sqrt{0.75}$ 的距离。

然后可以按照上述偏移规则不断的添加虚线。

根据勾股定理可知，0.75 的平方根就是一个边长为 1 的等边三角形高的长度，它的值大约是 0.8660254037844386467637231707 5294。这并不是一个理想的数字，并且这个算法也不能塑造出符合潜在的动力学的描述，仅仅是机械的上下移动之后得到一个尺寸上不算理想的结果。由此，上述作图方法与算法作图的区别就很显然了，在以后的建模仿真过程中要注意这一点。在算法中对生成规则的简单描述要比传统几何作图有效得多。

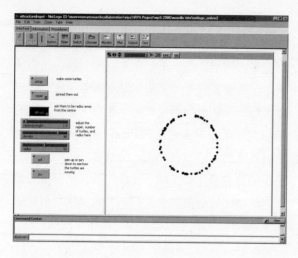
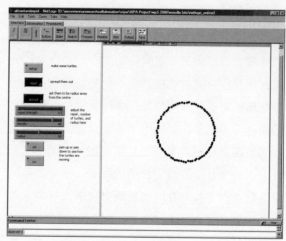

IFELSE 是很多程序语言的关键字，它具有让计算机根据问题来进行选择运算的能力。我们知道，条件语句有很多种形式，在这里我们只采用"ifelse"语句。

下面的建构实例需要决定在下面的程序段中运行哪条路线的语句。

实例：假设你站在一个道路的分岔口，你需要决定向左走还是向右走。你会怎么做呢？这时如果你发现自己口袋里有一张姑母给你的便条，上面写着：

　　{"当你站在道路分岔口的时候，如果你吃过午饭了就往左走，否则就往右走"}

然后你发现当时你已经吃过午饭了，所以就往左走。问题于是解决了（向左走显然是茶馆的方向）。

在 attract 脚本中，那张你姑妈给你便条，上面写着"如果你离圆心的距离小于半径，那么就后退一步；否则，就前进一步"。

IFELSE 语句的思想就是：首先提问一个问题，然后根据是或否来选择要执行的运算。

IF <something is true> *THEN* DOTHIS
　　　ELSE DOTHAT

这就是称之为 IFELSE 语句的原因。

标准形式

ifelse (conditional expression)
　　　[thing to do if true]
　　　[thing to do if false]

扩展模型——海龟画圆

下面要讲的就是典型的 Papert 式的利用算法生成几何图形的例子。在这个例子中的几何图形是基于圆形，其实算法还可以生成很多的复杂图形，比如维诺多边形（生成网格）。这些都是系统协调的例证，因为你所看到的位元（印在本页对面的两幅图）是系统的所有组成部分（几乎所有海龟）达成某种协议后生成的结果。而至于海龟被要求遵守什么协议，这其中涉及什么建筑思想值得我们思考。总的来说，这个任务为每个海龟分配了两个存在冲突的动作命令：每个海龟的自身运动和整个群体图案的高度有序。

Papert 提出下面的等式：

$$Xcirc = originX + Radius \cos (angle)$$
$$Ycirc = originY + Radius \sin (angle)$$

其中，(originX) 表示海龟当前所在的点，(Xcirc, Ycirc) 点表示海龟下一步要到达的圆上的点，angle 表示需要偏转的角度。

上述等式并不能得到关于圆的任何有用的信息。然而，我们可以用 NetLogo 语言编写一段程序，通过告诉海龟不断的重复向前移动、小角度向左偏转方向来形成一个圆（可参见第二章中对 S. Papert 的介绍）。

程序代码如下：

```
To circle
  Repeat 36
  Forward 1
  Turn Left 10
End repeat
End circle
```

编写这段程序只需要熟悉英文并且构造一个简单的运动规律。

就像 Resnick 在《Turtles, Termites and Traffic Jams》(1994) 一书中曾指出，我们可以利用并行计算的思想提出另一种方案，那就是用很多个海龟画圆，而不是一个。这个算法基于圆的基本特征：圆上所有的点离圆心的距离都相等。

用海龟完成这个方案，我们应该：

- 创建很多散置的海龟；
- 让每个海龟都朝向圆心的方向；
- 让每个一海龟都测试自己与圆心之间的距离；
- 如果海龟与圆心的距离小于半径，就后退一步（因为太近）；
- 如果海龟与圆心的距离大于半径，就前进一步（因为太远）；
- 不停地按上述规律进行移动。

上述过程可以用 NetLogo 语言进行如下描述：

```
to attract
ask turtles
[
  set heading towardsxy 0 0
  ifelse ((distancexy 0 0 ) < radius)
     [bk 1]
     [fd 1]
]
end
```

请注意，在程序中，并没有告诉海龟应该移动到哪个点，他们只是按条件选择前进或后退。实际上，形成的圆只有运行程序的人能观察到（海龟们并不知道它们形成了一个圆）；而且，我们能看到的也只是它们形成圆形后的画面，其形成圆形的过程是观察不到的。上述程序运行的结果就是一圈的海龟构成一个圆形。实际上，海龟达到静止绕成一个圆圈后，还有一项工作要做。由于海龟的出发点是随机分布的并且最终都随机的分布在圆圈上，所以海龟静止后生成的是一个有缺口、并不是连续完整的圆。为使海龟能够沿着圆圈均匀分布开来，我们需要运行之前提到的 Repel 算法。所不同的是，这里海龟移动的并不是一步，而是由界面中 "slider" 控制的一个不确定值。

此处所用的 Repel 算法的程序如下：

```
to repel
ask turtles
[
  set closest-turtle min-one-of other
      turtles [distance myself]
  set heading towards closest-turtle
  bk repel-strength
]
end
```

　　上面是一幅在位于伦敦的泰特现代美术馆的涡旋厅画廊拍摄的照片，上面的人都仰面躺在地板上，仰视嵌有镜面的顶棚。图片显示的是人们在没有专门指挥的情况下自主排成的一个圆形（图形右边是另一个图形）。当你走在画廊里的时候，你并不会明显感觉到所形成的圆形。但当你仰面躺下，从一个局外人的角度在顶棚的镜面观察时就很明显了（感谢 MSC 的 Stefan Krahofer 提供的图片）。

在上述两个程序中，我们利用了两个参数来定义系统的整体性质：半径和所谓排斥力（repel strength）。这种具有名称的数值叫做变量（因为它们包含的数值是可以变化的）。在 NetLogo 语言里边可以使用用户界面中的"slider"来设置变量。

你可能会说上面形成的并不是一个真正的圆，只是这些密集的点排列起来看上去是一个圆。就像三角形网格的那个例子一样，传统的将周长除以半径作为圆周率 π 的值也是不可能做到的（因为周长的真正数值不可能求得）。实际上，π 可以扩展作为生成随机序列的基数，因为除非你不停地分割求和，否则用任何方法都不能预测序列的下一个数值。换句话说，我们不可能用一些数来定义一个圆，对圆的任何测量都一定是分割计算的近似值。因此，作圆程序中的 repel 和 attract（只运用了简单的限制，没利用圆周率）是更为基础的描述，通过点的运动形成一个圆而不是强制地把点设定在圆周上。

repel 和 attract 这两个变量构成了一个有效的实验平台。变量的值之间也是有联系的。如果把半径设得太小你就会得到一个小圆；如果把排斥力（repel strength）设置得很大，关联海龟的数量（变量之一）之后，所有的海龟就很难稳定的分布在圆周上。实际结果是很惊奇的，由于海龟间的斥力很大，海龟无法排成一个圆，结果是形成了一系列环。这在很多方面可以看做一个玻尔原子模型的例子，其中半径对应的是原子的能量，排斥力对应的是电子的能量（在此所说的排斥力只是这些简单模型中某种力量的形象化描述，不要深究其物理意义！）。

不可否认的是，虽然没有在模型中特别限定，但海龟们都分布在了特定的圆周上（并未写入程序中），而不是沿半径向外的一个模糊分布的圆环地带上。程序文本中并没有对环状轮廓有明确描述，描述的只是一个独立的圆。

如果给以高级别的抽象，我们就能够不用添加太多额外代码的塑造出比单个几何图形更复杂的形状或者空间结构。下面的图片就是对海龟和它的邻居额外添加了一些简单的规则后画出的线条，如下所示：

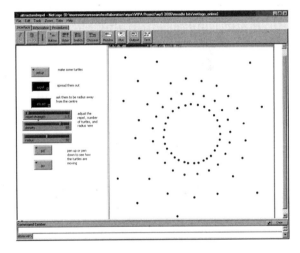

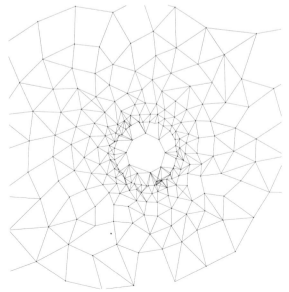

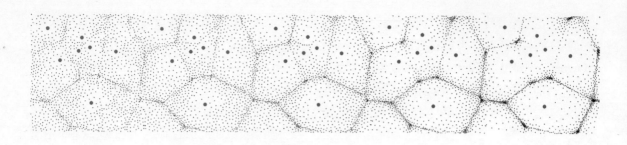

上述模拟中包含了两种海龟：普通海龟（小的点）和目标海龟（大的点）——他们都是随机分布的。那些小的普通海龟会遵循 attract 程序退却到给定的离目标海龟的距离，他们会大量的聚集在形成的分界线上。普通海龟不会离其他的目标海龟太近，但他们会尽可能远离最近的海龟。

如果一个程序塑造的是要展现的过程而不是制图学中的绘图结果，那么就很可能是一个好的且简洁的模型。

这幅图片展现的是生长在咖啡杯里的霉菌堆聚成很多具有类似泰森多边形的盘状地带。

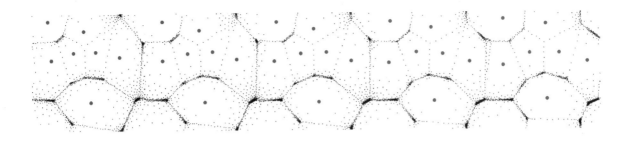

模型扩展：绘制多边形

通过一些改动我们可以得到一个更复杂的结果，也就是 Voronoi 图（狄利克雷网格）。Voronoi 图是由计算几何中的通用算法计算得到的。Voronoi 图描述的是一系列点移动的耗能最少路径。在 Voronoi 图中，每个基准点都位于一个多边形内部，与和它邻近的点分离；每个基准点所在的多边形的每条边都是其与相邻多边形的公共边。

对于前面提到的 attract 和 repel 两个程序，我们可以对 attract 程序进行一些小的修改，将海龟的目标点设置成另一些目标海龟，而非原点（0，0）。因此，我们可以设置两种海龟：普通海龟和目标海龟。不管是普通海龟还是目标海龟都遵循 repel 算法中的规则，但是 attract 算法中的规则只需要普通海龟遵守，以使普通海龟停留在与目标海龟特定距离的地方。

```
to attract
locals [targets]
ask turtles
[
  set targets turtles with [target = true]
  set closest-turtle min-one-of other
      targets [distance myself]
  set heading towards closest-turtle
  ifelse ((distance closest-turtle) <
      radius) [bk 1] [fd 1]
]
end
```

生成最小路径多边形的空间网格

如前所述，众多的普通海龟以不动的目标海龟（图中的大点）为基准进行退却，形成 Voronoi 图网格的边界。这是一个生成自我组织结构的例子，算法的运行也就是问题的解决过程，也就是根据点的最初分配（普通海龟与目标海龟）绘制出等距的分界线。这从文章上一段中所述的过程就能体现出来。

海龟画圆的程序和运用计算几何的方法绘制 Voronoi 图的程序有很大的区别：前面介绍的生成三角形的两个函数如果要生成多边形，就不得不扩充很多有关复杂的数学运算、详细分类以及调度流程方面的代码。而由圆到 Voronoi 图，运用了 repel 算法和 attract 算法，对于两海龟还是许多海龟都是很简单的。

陈述这些是为了例证运用图灵机生成机构是如何改变结构表达法的（如前文提到的传统的作图学方法和计算几何学方法）我们将在下节中看到，生成结构的复杂度要远比单纯几何作图高得多。利用前面介绍的两个程序文本我们可以描述很多的图形，并且这种描述可以很容易的经过修改之后适用于三维空间。

　　该 Voronoi 图是由计算几何生成的——它是由部分的 Voronoi 图不断递归运算生成的，也就是说，每部分生成都作为后续图形的源头。

本页的程序代码与第 15 页的代码有着鲜明的对照。两者都是做同一件事情——生成最小路径网格，也就是 Voronoi 图。然而，第 15 页的代码是使用以动态系统并行计算的海龟为特色的 NetLogo 语言编写的，而本页的代码是从计算几何的角度用 Basic 语言编写的。（Basic 代码属作者自编）Basic 语言不仅繁长，而且很有局限性，因为它不允许对基本生成点的简单操作以及点的动态修改。相对于生成结构的 NetLogo 语言，Basic 语言的唯一优点就是 Basic 代码产生的多边形是用命令段明确定义的。然而，由下面例子得到的图形还需要后续处理。

Basic 语言是一种很古老的程序设计语言，在自动化操作的 Windows 程序中有较多使用。

关于 Basic 语言的缺点我们会在第三章进行讨论。

长达 3 页的程序

```basic
Attribute VB_Name = _
   "Voronoibits"

'---------------------
  changing datastructure
  to hold indeces into
  originalpoints
'----------------- rather
  than points 11.6.03-----
  -----------------
' defining the cells of the
  voronoi diagram
' working 26 june 03

Const pi = 3.1415926535
Const yspace = 0
Const xspace = 1

Type pointedge
pos As point 'position of
  intersection
Bedge(2) As Integer
  'indeces into boundary
  array where intersection
  occurs
End Type

Type intersectStuff
outnode As point
outnodeid As Integer
  'index into vertex array
  for voronoi cell
```

```basic
beforeinter As pointedge
afterinter As pointedge
End Type

Const VERYSLOW = 0.7
Type mypoint
x As Double
y As Double
z As Double
spacetype As Integer
kuller As Integer
End Type

Type pair 'to tie the
  triangle nos to the
  sorted angles
value As Double
index As Integer
End Type

Type delaunay
p1 As Integer
p2 As Integer
p3 As Integer
circcentre As mypoint
  'the coordinates of the
  centre of the circle by
  3 pts constructed by
  this point
circrad As Double 'the
  radius of this circle
End Type
```

```basic
Type cell
item() As Integer
tot As Integer
area As Double
id As Long
spacetype As Integer
jump As Boolean
kuller As Integer
End Type

Public pts As Integer
Public numtriangles As
  Integer
Public originalpoints() As
  mypoint
Public triangles() As
  delaunay
Public cells() As cell
Public neighbour() As cell

Public cyclesmax As Long
Public cycles As Long

Sub voronoi(d As Integer)
ReDim cells(1 To pts) As
  cell
ReDim neighbour(1 To pts)
  As cell
Dim i As Integer, j As
  Integer, k As Integer

For i = 1 To pts
cells(i).spacetype =
  originalpoints(i).
  spacetype ' having been
  set in teatime
cells(i).kuller =
  originalpoints(i).kuller
Next i


cycles = 0
numtriangles = 0
'cyclesmax = pts ^ 3

For i = 1 To pts
For j = i + 1 To pts
For k = j + 1 To pts
' the triangles array is
  populated in the sub
  drawcircle - sorry !!
drawcircle_ifnone_inside
  i, j, k, pts
cycles = cycles + 1
'counterform.count_Click
Next k
Next j
Next i

collectcells (0) 'define
  data for all voronoi
  cells
neighcells (0) 'define
```

```basic
End Sub
Sub collectcells(d As
  Integer) ' populates
  array cells with lists
  of all the vertex
  incident triangles of a
  point
Dim v As Integer, N As
  Integer, t As Integer

For v = 1 To pts ' go
  through all the original
  points
N = 0
ReDim cells(v).item(1 To
  1)
' drawpoint
  originalpoints(V),
  acGreen, 2
' ThisDrawing.Regen
  acAllViewports

For t = 1 To numtriangles
  'go through all
  triangles
If triangles(t).p1 = v Or
  triangles(t).p2 = v Or
  triangles(t).p3 = v Then
N = N + 1 '' T is
  index into a tri
  sharing a vertex with
  originalcells(V)
ReDim Preserve cells(v).
  item(1 To N)
cells(v).item(N) = t
cells(v).tot = N
End If
Next t
sortbyangle v, cells(v)
Next v
End Sub
Function centre_
  gravity(this As
  delaunay) As mypoint
Dim tx As Double, ty As
  Double, tz As Double
tx = (originalpoints(this.
  p1).x +
  originalpoints(this.
  p2).x +
  originalpoints(this.
  p3).x) / 3
ty = (originalpoints(this.
  p1).y +
  originalpoints(this.
  p2).y +
  originalpoints(this.
  p3).y) / 3
tz = 0
centre_gravity.x = tx
centre_gravity.y = ty
centre_gravity.z = tz

End Function
```

```
Sub sortbyangle(index As
  Integer, this As cell)
Dim angles() As pair, i As
  Integer, O As mypoint,
  CG As mypoint
ReDim angles(1 To this.
  tot) As pair
O = originalpoints(index)
For i = 1 To this.tot
CG = centre_
  gravity(triangles(this.
  item(i)))
angles(i).value =
  getangle(O, CG)
angles(i).index = this.
  item(i)
Next i
bubblesort angles, this.
  tot
For i = 1 To this.tot
this.item(i) = angles(i).
  index
Next i

End Sub
Sub bubblesort(s() As
  pair, N As Integer)
Dim index As Integer,
  c As Integer, swap As
  Integer, temp As pair

Do
swap = False
For c = 1 To N - 1

If s(c).value > s(c +
  1).value Then
temp = s(c)
s(c) = s(c + 1)
s(c + 1) = temp
swap = True
End If

Next c
Loop Until (swap = False)

End Sub
Function getangle(st As
  mypoint, fin As mypoint)
  As Double

Dim q As Integer, head As
  Double, add As Double
Dim xd As Double, yd As
  Double, r As Double
' calculate quadrant
If fin.x > st.x Then
  If fin.y > st.y Then
q = 1
Else
q = 2
End If
Else
If fin.y < st.y Then
q = 3
Else
```

```
q = 4
End If
End If

Select Case q

Case 1
xd = fin.x - st.x
yd = fin.y - st.y
If xd = 0 Then
r = pi / 2
Else
r = yd / xd
End If
add = 0
Case 2
yd = st.y - fin.y
xd = fin.x - st.x
add = 270
If yd = 0 Then
r = pi / 2
Else
r = xd / yd
End If
Case 3
xd = st.x - fin.x
yd = st.y - fin.y
If xd = 0 Then
r = pi / 2
Else
r = yd / xd
End If
add = 180
Case 4
xd = st.x - fin.x
yd = fin.y - st.y
If yd = 0 Then
r = pi / 2
Else
r = xd / yd
End If
add = 90
End Select

If xd = 0 Then
getangle = 90 + add
Else
getangle = ((Atn(r) / pi)
  * 180) + add
End If

End Function
Sub neighcells(d As
  Integer)

Dim v As Integer, N As
  Integer, nbs As Integer,
  cp As Integer

For v = 1 To pts
nbs = 0
'go through the item
  list for this cell
  (based on vertex V)
For cp = 1 To cells(v).tot
```

```
  - 1 'the indeces into
  array cells
N = matchupcells(cells(v).
  item(cp), cells(v).
  item(cp + 1), v) 'two
  points on the voronoi
  region
If N > 0 Then
nbs = nbs + 1
ReDim Preserve
  neighbour(v).item(1 To
  nbs)

  neighbour(v).item(nbs)
  = N
neighbour(v).tot = nbs
End If
Next cp
Next v
End Sub

Function matchupcells(p1
  As Integer, p2 As
  Integer, current As
  Integer) As Integer

' find a cell (in array
  cells)which shares an
  edge p1 - p2 with this
  cell (current)
Dim m As Integer, v As
  Integer, cp As Integer
matchupcells = 0

For v = 1 To pts
If v <> current Then 'dont
  look at you own list
m = 0

'a voronoi region can only
  share two verteces ( one
  edge) with any other
'but since the edges
  are organised anti
  clockwise, the
  neighbouring cell
'will be going the other
  way. so here we just
  look for two matches
  hope thats ok?
For cp = 1 To cells(v).tot
'run through vertex list
  for this cell
If cells(v).item(cp) = p1
  Then m = m + 1
If cells(v).item(cp) = p2
  Then m = m + 1
Next cp
If m = 2 Then
matchupcells = v
Exit For 'dont go on
  looking once found a
  match
End If
End If
Next v
```

```
End Function

Sub drawcircle_ifnone_
  inside(i As Integer,
  j As Integer, k As
  Integer, pts As Integer)
Dim testcircle As delaunay

testcircle.p1 = i
testcircle.p2 = j
testcircle.p3 = k
circbythreepts testcircle
If Not inside(testcircle,
  pts) Then
'drawpoint testcircle.
  circcentre, acYellow,
  testcircle.circrad
numtriangles =
  numtriangles + 1
ReDim Preserve triangles(1
  To numtriangles)

  triangles(numtriangles)
  = testcircle
End If

End Sub

Function inside(this
  As delaunay, pts As
  Integer) As Integer
' are there any points
  closer to the centre of
  this circle than the
  radius

inside = False
Dim i As Integer, dd As
  Double, cr As Double
For i = 1 To pts
'ignore points that are on
  this circle
If i <> this.p1 And i <>
  this.p2 And i <> this.
  p3 Then
dd = distance(this.
  circcentre,
  originalpoints(i))
cr = this.circrad
If (dd < cr) Then
inside = True
Exit For
End If
End If
Next i
End Function
Sub circbythreepts(this As
  delaunay)

Dim a As Double, b As
  Double, c As Double, k
  As Double, h As Double,
  r As Double, d As
  Double, e As Double, f
  As Double
Dim pos As mypoint
```

```vba
Dim k1 As Double, k2 As
Double, h1 As Double, h2
As Double

a = originalpoints(this.
p1).x: b =
originalpoints(this.
p1).y
c = originalpoints(this.
p2).x: d =
originalpoints(this.
p2).y
e = originalpoints(this.
p3).x: f =
originalpoints(this.
p3).y

'three points (a,b),
(c,d), (e,f)
'k = ((a²+b²)(e-c) +
(c²+d²)(a-e) + (e²+f²)
(c-a)) / (2(b(e-c)+d(a-
e)+f(c-a)))
k1 = (((a ^ 2) + (b ^ 2))
* (e - c) + (((c ^ 2)
+ (d ^ 2)) * (a - e)) +
(((e ^ 2) + (f ^ 2)) *
(c - a))
k2 = (2 * ((b * (e - c))
+ (d * (a - e)) + (f *
(c - a))))

k = k1 / k2

'h = ((a²+b²)(f-d) +
(c²+d²)(b-f) + (e²+f²)
(d-b)) / (2(a(f-d)+c(b-
f)+e(d-b)))
h1 = (((a ^ 2) + (b ^ 2))
* (f - d) + (((c ^ 2)
+ (d ^ 2)) * (b - f)) +
(((e ^ 2) + (f ^ 2)) *
(d - b))
h2 = (2 * (((a * (f - d))
+ (c * (b - f)) + (e *
(d - b)))))
h = h1 / h2

'the circle center is
(h,k) with radius; r² =
(a-h)² + (b-k)²
r = Sqr((a - h) ^ 2 + (b -
k) ^ 2)

pos.x = h: pos.y = k:
pos.z = 0
''drawpoint pos, acYellow,
r
this.circcentre = pos
this.circrad = r

End Sub

Sub convert(b As mypoint,
f As mypoint, start()
As Double, finish() As
Double)

start(0) = b.x
start(1) = b.y
start(2) = b.z
finish(0) = f.x
finish(1) = f.y
finish(2) = f.z
End Sub

Function findcenter(pts As
Integer) As mypoint
Dim xt As Double, yt As
Double

xt = 0
yt = 0

For i = 1 To pts
xt = xt +
originalpoints(i).x
yt = yt +
originalpoints(i).y
Next i

findcenter.x = xt / pts
findcenter.y = yt / pts
findcenter.z = 0

End Function

Sub Draw_Line(b As
mypoint, f As mypoint, c
As Integer)
Dim lineobj As AcadLine
Dim mLineObj As AcadMLine
Dim start(0 To 2) As
Double, finish(0 To 2) As
Double

convert b, f, start, finish

Set lineobj =
ThisDrawing.ModelSpace.
AddLine(start, finish)

lineobj.color = c
lineobj.Layer = "delaunay"
'lineobj.Update

End Sub
Sub drawpoly(this As cell)
Dim tri As delaunay
Dim plineObj As
AcadLWPolyline
'changed to lw polyline so
only duets of coords not
trios
Dim thepoly(0) As
AcadEntity 'thing to use
in addregion
Dim boundary As Variant
'assign with addregion
Dim boundy() As AcadRegion
'thing you redim
Dim acell As AcadRegion

Dim numtri As Integer,
thepoints() As Double,
TPC As Integer
numtri = this.tot * 2 - 1
ReDim thepoints(numtri +
2) As Double
TPC = 0
' loop through all the
items getting the
coordinates of the
circlcentres that are
' inside the elements of
the thetriangles array

For i = 1 To this.tot
thepoints(TPC) =
triangles(this.item(i)).
circcentre.x
TPC = TPC + 1
thepoints(TPC) =
triangles(this.item(i)).
circcentre.y
TPC = TPC + 1
' thepoints(TPC) =
triangles(this.item(i)).
circcentre.z
' TPC = TPC + 1
Next i
thepoints(TPC) =
thepoints(0)
TPC = TPC + 1:
thepoints(TPC) =
thepoints(1)
'TPC = TPC + 1:
thepoints(TPC) =
thepoints(2)

If TPC > 3 Then
On Error Resume Next
'got crash on huge poly
Set plineObj =
ThisDrawing.ModelSpace.A
ddLightWeightPolyline(th
epoints)
If plineObj.area > 0 Then

Set acell =
makeregion(plineObj)

On Error Resume Next
acell.Boolean
acIntersection, bound
this.area = acell.area
this.id = acell.ObjectID
'changed to acell
If this.spacetype = 1 Then
acell.color = this.kuller
Else
acell.color = acWhite
End If

' acell.Update
' ThisDrawing.Regen acAc-
tiveViewport
makeboundaryregion 0

End If

End If

End Sub

Sub drawcircle(x As
Variant, y As Variant,
kuller As Integer, size
As Integer)
Dim p(2) As Double, circ
As AcadCircle
p(0) = x: p(1) = y: p(2)
= 0
Set circ = ThisDrawing.
ModelSpace.AddCircle(p,
size)
circ.color = kuller
' circ.Update

End Sub
Function random(bn As
Double, tn As Double) As
Double

random = ((tn - bn + 1) *
Rnd + bn)

End Function

Function distance(startp
As mypoint, endp As
mypoint) As Double
Dim xd As Double, yd As
Double
xd = startp.x - endp.x
yd = startp.y - endp.y
distance = Sqr(xd * xd +
yd * yd)
End Function

Sub drawpoint(pos As
mypoint, c As Integer, r
As Double)
' This example creates a
point in model space.
Dim circleObj As
AcadCircle
Dim location(0 To 2) As
Double
location(0) = pos.x
location(1) = pos.y
location(2) = pos.z
' Create the point
Set circleObj =
ThisDrawing.ModelSpace.
AddCircle(location, r)
circleObj.color = c
'ZoomAll
End Sub
```

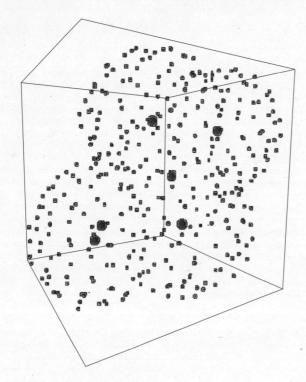

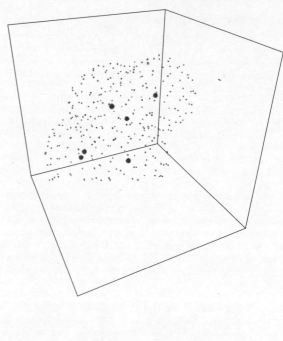

（上图）从点的圆环到球形云

（下图）龟链连接到点上

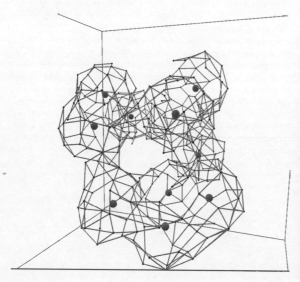

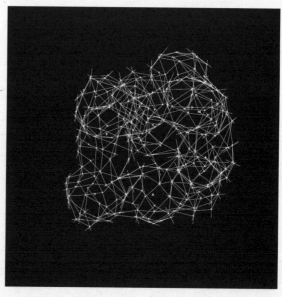

转换到三维空间

下面的程序代码和前面介绍的非常相似（二者存在一些差别，因为程序语言的三维描述是在二维描述的基础上修改的，但是这点是可以忽略的）。除此之外，唯一的区别就是关键字 pitch 与 heading 语句的应用，pitch 会使海龟在三维空间中向某一点运动。

```
to attract
ask nodes
[
    set closest-turtle min-one-of targets
      with other targets [distance
      myself]
    set heading towards-nowrap closest-
      turtle
    set pitch towards-pitch-nowrap
      closest-turtle
    ifelse ((distance closest-turtle) <
      radius) [bk 1] [fd 1]
]
end

to repel-nodes
ask nodes
[
    set closest-turtle min-one-of nodes
      with other nodes [distance myself]
    set heading towards-nowrap closest-
      turtle
    set pitch towards-pitch-nowrap
      closest-turtle
    bk repel-strength
]
end
```

当程序运行的时候，这种方法与几何方法的区别就很明显了：不像几何方法那样在得到结果之前需要很多的计算工作，生成结构是一个形象的过程，可以随着 attract 和 repel 值的调整而变化。有时候所有的点都会变成无序的混乱，不能重新恢复，这时应该停止，然后重新开始。利用排列成线的海龟将海龟组织在一起的算法是典型的自底而上法。

一旦发现最近的海龟，我们就要求所有的节点与它建立联系。这个连接的海龟体现了 NetLogo 语言的智能化特征，因为如果目标节点已经被连接了，那么就不会再次重复了。在程序运行过程中，最近的海龟会发生变化，此时有必要清除掉之前的链接——这个可以用"clear-links"（一个专门的按钮，在这里十分有用）很容易完成。

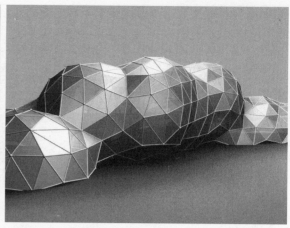

进一步处理发展，涌现出各种不同形式

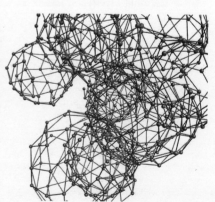

```
ask nodes
[
    set closest-turtle min-one-of other
      nodes [distance  myself]
    set heading towards-nowrap closest-
      turtle
    set pitch towards-pitch-nowrap
      closest-turtle
    bk repel-strength
    create-link-with closest-turtle
]
end
```

也许有人会问，为什么这个简单的算法不会产生链接来交叉中间新出现的球体呢？但要注意，吸引和排斥程序有一个确保每个最近的球体在"壳"上被发现的规则。如有几个球体相遇（见对面页上的图片），经过一系列磋商，球体四处移动，直到大多数人都满意。这里很重要的一点是，没有更多的代码被写入，这是由动态系统免费提供的生成结果过程。

之后，一切达到稳定状态（"涌现共识"在本章开始时提出），自组织的海龟组合可以进一步用其他软件进行研究。在对面页上显示的图片中，用一个小的 Visual Basic 脚本将海龟坐标读入 AutoCAD 中，绘制球体和圆柱体之间的节点和链接。也可以使用你的最喜欢的 CAD 软件进一步处理网格和进行渲染。

第二章

从词汇开始

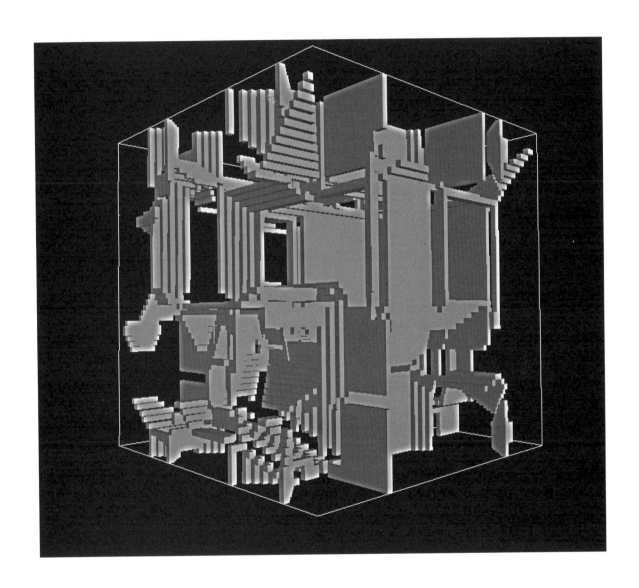

通过重述计算机和教育方面的先驱们所倡导的理念，本章着眼于考察在 Papert 建构法中当计算机能够被用来作为思维运算的思考工具，而非仅仅作为一个简单绘图与建模的工具时，如何改变学习的过程。

这种设计方法对于计算机是一种积极参与，是主动的，代码脚本生成的是各种可能的、不确定的建筑设计结果，区别于被动的简单绘图与建模生成的静态几何图形。

几乎从计算机问世开始，美国麻省理工学院（MIT）在人工智能方面的先驱们就开始思考计算机智能分析的重要性。人们意识到计算机应具有一种新的思考问题的能力，而不仅仅是一种具有更强运算能力的计算器或数据处理机。这样，在学习过程中就把计算机当做了一种具有创造性的工具。早期的研究学者们专注的是：使计算机具有抽象的思维而非记住一些标准的解决流程；进行计算机读写方面的研究，使计算不仅可以读取新的信息载体，而且具有写入的能力。在早期的工作中令人感兴趣的是对语言的研究，怎样最好的定义和实现人工语言，这些都是对计算机能力的深入研究。

Marvin Minsky 说过一段很著名的话：“你必须明白编写一段帮助验证理论或者分析结果的程序与编写一段描述理论本身的程序之间的区别”。

至此，本书的要义已经很鲜明了，我们可以套用一下 Marvin Minsky 的话来进行描述，将“理论”替换成“设计”：“你必须明白编写一段帮助验证设计或者分析结果的程序与编写一段描述设计本身的程序之间的区别。”

你可能会说现在与 20 世纪 60 年代末的时候相比，在设计与计算机、软件与硬件以及建筑本身作为一门实践学科的地位都有了很大的改变。实际上，正如本章想要揭示的，在过去 40 年里，人们对于使用计算机系统的目标和意图并没有改变（包括设计者的心态），倒是我们似乎已经忘记了很多我们应该记住的东西。

通过重述计算机教育先驱们所倡导的理念，我志在探究如何更好地再利用由于计算机的应用所带来的不同的原理、概念和早期先驱们在 3D 设计方面有益的真知灼见。

Seymour Papert

Seymour Papert 和 Marvin Minsky 一样都是 20 世纪 50 年代末 MIT 人工智能（AI）项目组的成员。AI 项目是计算机科学、哲学和数学的综合，LISP 语言就是在这个项目中产生的，而且 AI 项目就是以 LISP 语言为基础的。LISP 语言是一种简洁的人工语言，很多其他的程序设计语言都是在它的基础上产生的。主要地，AI 项目假定人工智能的最佳定义为逻辑思维系统的应用，例如一阶谓词逻辑。强调人工语言定义明确、语法一致的重要性是 S.Papert 和其他成员（当然，尤其是对程序设计语言发展作出贡献的 McCarthy）著作的主题。Chomsky（《句法结构》一书的作者，1957）提出了人工语言作为一种反复定义的功能结构的定义方法，对于 LISP 语言的发展起到了推动作用。与结构性差、易变且繁长的 Basic、Fortran 和其他工程语言相比，这被看做一次概念上的飞跃。当谈及用电脑教孩子时，Papert 指出了 Basic 语言对许多词汇的滥用。不仅如此，还在程序师中形成了一个广泛共识，那就是 Basic 语言对人的智力是有害的。一个经典的例子（在程序师群体里的）就是 Dijkstra 在 1947 年建立的美国计算机协会通讯上发表的"GO TO 语句有害论"（1968）。这个观点被 Kay（见第 29 页）所接受。

Papert 曾经与 Piaget（1896—1980 年）一起于 20 世纪 60 年代在"发生认识论国际中心"工作（1955—1980 年），就是在这里他决定致力于研究学习方法及其发展，正如他所说的"让每个孩子都成为认识论者"。

对于 Papert 来说，Piaget 让他了解了具象思维与形式思维、学习与教学之间的区别。在日内瓦大学的时候，Piaget 主张应该把孩子看做"自己知识结构的建造者"。Papert 主张利用计算机来达到这种效果。"不是让计算机对孩子来下指令，而是让孩子用来编排计算机。"这句话以及下面多处的引用都是来自 Papert 在他去世的当年——1980 年出版的《头脑风暴》。书的开头是这样写的：

> 我在计算机和教育方面的研究一直围绕两个主题：第一，孩子能够以积极的方式学习使用计算机；第二，学习使用计算机可以改变我们学习其他知识的方式。

在 Papert 将"海龟绘图 / 计算机"作为研究对象的过程中，他对"海龟绘图 / 计算机"作了这样的描述：

> 每个研究对象都存在文化的交集、交叉的知识和个人识别的可能性。

因此，在海龟绘图与孩子的知识构建之间就连起了一道桥梁。致力于为孩子提供一个如同婴儿学说话那样，使孩子能够置身于内的学习环境的目的就在于此。计算机如果操作起来非常灵活、友好，就能够提供这种环境，就像在一堂美妙的艺术课上，为孩子们学习知识提供技术性工具，能够生成自定义的富有创造性的成果。简而言之，就是他所说的"会产生一个成果"。

当然，Papert 主要的研究在于孩子学习基础数学、几何的方法，但这些也是和建筑息息相关的。这本书的主旨与 Papert 和 Kay 的研究有很多重叠之处，至少在对计算机仿真和生成空间图形方面的理解是一致的。Papert 认为，"我们的文化相对系统程序模型方面来说是贫乏的，我们没有词汇来表达嵌套循环、漏洞（bug）、调试（debug）。"这似乎与建筑学毫不相干，但如果学生用一台顽固（但有时很顺从）的计算机审视古老的空间与空间组织的难题，并梳理出一些关于空间与结构的思想，这还是很有启发性的。

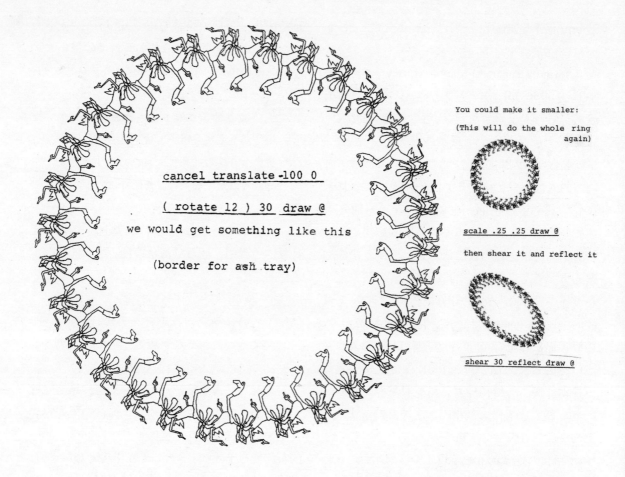

cancel translate -100 0

(rotate 12) 30 draw @

we would get something like this

(border for ash tray)

You could make it smaller:

(This will do the whole ring
again)

scale .25 .25 draw @

then shear it and reflect it

shear 30 reflect draw @

Freewheelin Franklin 的烟灰缸——图片来自名为《形式处理器》的讲义（Coates and Frazer Eurographics, 1982），是作者为利物浦理工学院大一学生上课的讲义。脚本语言的使用操作数字图形，并可以带有简单的 LISP 语言，如允许后续语法发展的版本（Freewheelin Franklin 是 Robert Crumb 笔下的卡通形象）。

Papert 特别指出 Logo 语言里边暗含着某种与计算机有关系的结构。Papert 在将 Logo 语言与 Basic 语言做对比时是这样形容 Basic 的：Basic 具有基于工程、简单、兼容性差的特点，仅可被原始低内存教学计算机识别（很快就有比其能力更强的计算机）。它是我们在 1979 年的一个热切期望，这个期望最终成为现实。

Papert 最后声称"Logo 语言更强大，更具一般性并且更智能化"。如思考递归法的思想。首先，为什么建筑系的学生应该探究这种方法？部分原因是因为递归能产生比普通循环更微妙且有趣的结果；它包含了自相似性和跨尺度差异，它能够简化和解释看上去很复杂的问题，它是思考建筑中常见的许多有关分支和细分类型的系统的简洁途径。调用自身生成某种结果的思想是很古怪、很难理解的。我们忽略了一个问题，这种思想缺乏客观世界中"对象＞目标"的过程。在用可反复定义的语言例如 LISP 或者 Logo 编写程序时，函数通过将函数本身作为参数调用自身的方式，此时，编写程序就会成为一个可行而又简洁的过程。这时潜在的结构就显现出来了，看！形似花椰菜的结果就出现了。

注意并理解这个问题之后，学生就可以修改代码、针对建筑问题进行结构匹配。这与任意搭配几何图形的方法在建筑思想上形成鲜明的对比，其实际生成结构在解决问题的方法上是未经考察和匹配的。换句话说，不是参加学生探究问题的过程，而只是一个现成的图形库。

这种方法的另一个优点在于鼓励设计者去明确自己的意图并把他们的意图转化成算法关系，进而产生一些切题但往往与直觉相反、挑战我们预见力的结果。

Alan Kay

Papert 一直将 Alan Kay 视作与自己志同道合的人。在 20 世纪 70 年代期间，不管是在施乐研究中心、MIT 还是苹果公司的时候 Alan Kay 都在努力设计一个 Papert 所追求的那种能够建立交互式的自主学习经验的机器。事实上，Alan Kay 是一个电脑迷和程序师，Alan Kay 在 1993 年出版的《Smalltalk 语言的早期历史》中对于从教育哲学中派生出语言设计的方法发表了基本的观点。Alan Kay 比 Papert 更像是一个书呆子式的引领者。在《New Media Reader》（Wardrip and Bruin, 2003）一书所收集的文章中，Alan Kay 的个人动态媒体是用 Papert 的一段话来介绍的：

我对书面读写与 Logo 之间的相似性感到痴迷。在设计 FLEX（词法分析器生成器）的时候，我就深信终端客户需要掌握编程才能够让电脑真正成为自己的——但是还得包括儿童在内。读取介质的能力意味着您能够得到别人生成的材料或工具；在媒介中写的能力意味着你可以为他人生成材料或工具。这两者你都必须精通。在书面书写时，你的生成工具是修辞法；他们具有表达性和说服力。在用电脑书写时，你的生成工具是程序，他们具有仿真和决策能力。

Smalltalk 是 ARPA 众多从事项目的一部分，也包括之后的 Xerox PARC——在我看来一个私人的从事计算机研发的地方。那里聚集了很多来自各个领域的研究所的研究人员，但对于这些思想的准确分配是很困难的。实际上，正如 Bob Barton 喜欢引用的歌德的话，我们应该"分享发现的兴奋而不是对享有优先权进行徒劳的努力"。

（"用户界面：个人观点"，193）

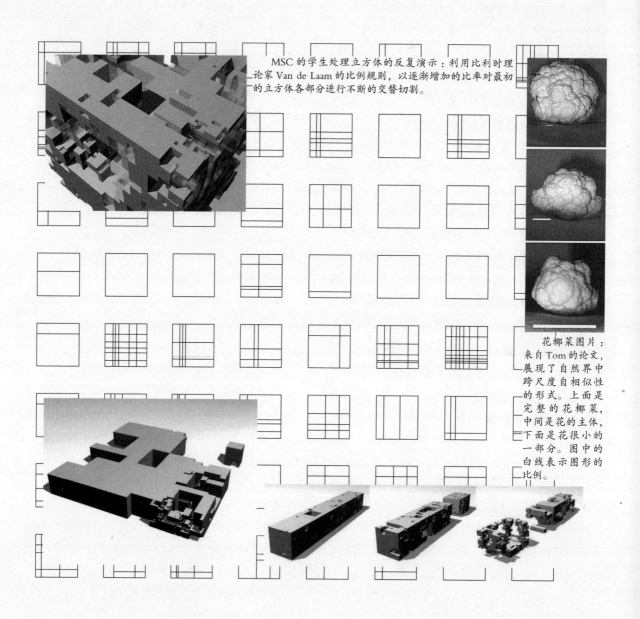

MSC 的学生处理立方体的反复演示：利用比利时理论家 Van de Laam 的比例规则，以逐渐增加的比率对最初的立方体各部分进行不断的交替切割。

花椰菜图片：来自 Tom 的论文，展现了自然界中跨尺度自相似性的形式。上面是完整的花椰菜，中间是花的主体，下面是花很小的一部分。图中的白线表示图形的比例。

在程序语言的分类中，Alan Kay 赞同 Papert 对于 Basic 语言的评述：

> 程序设计语言的分类依据有很多种：指令的、应用性的、基于逻辑的、面向对象的等等。但其都是"功能的凝集"和"风格的结晶"。COBOL、PL/1、AdA 等属于第一类，Smalltalk 语言属于第二类，功能型语言似乎都是学会发起的而风格型语言一般是个人发起的，这应该不是一个偶然。

"学会语言"和个人创造语言之间的区别是很细微的，但是作者倾向于将这种区别看做工程项目的语言（如 Fortran、Basic 等）与作为语言学的语言之间的区别。在《LISP 语言的历史》(McCarthy，1978) 中 McCarthy 用了很长的篇幅来说明，整体语法在详细的实现细节确定之前就定义好了，尤其是变量值从函数中返回的方式、程序内存如何组织等。清晰的语法是很重要的，一致性就是一切（如果你可以对一个变量进行操作，那么就可以对一个函数或者一系列内容进行操作）。可以以此为依据来猜测一种不熟悉的语法结构的正确语法形式，不要像 20 世纪 60 年代早期的 FORTRAN 手册一样被程序员嘲讽是"一系列的程序错误"。

在 McCarthy 的书中也有一些雅致的内容，尤其是下面这一段读起来很舒服：

> ……使用 Church（1941）的符号 λ 是很自然的事情。我看不懂他的书里的休止符所以我并不打算去实现他的定义函数的更具一般性的机制。Church 使用的是更高阶的函数而没有使用条件表达。条件表达在电脑上更容易实现。
>
> （McCarthy，1978）

Kay 开始研究"面向对象的程序设计"（一种 30 年前提出的、现在被广泛应用的编程架构）的思想是从下面这件事情开始的：

> 我隐约有这种想法是 1961 年一个程序员在空军工作的时候。刚开始是在 Burroghs 223 型计算机上从一个空军训练指挥装置向另一个训练指挥装置传输文件。当时没有文件格式的标准操作系统，因此，一些设计者决定施展身手通过获得文件并将其分为三部分来解决这个问题。第三部分是任意大小和格式的实际数据记录。第一部分是程序切入点的一个数组指针，第二部分……

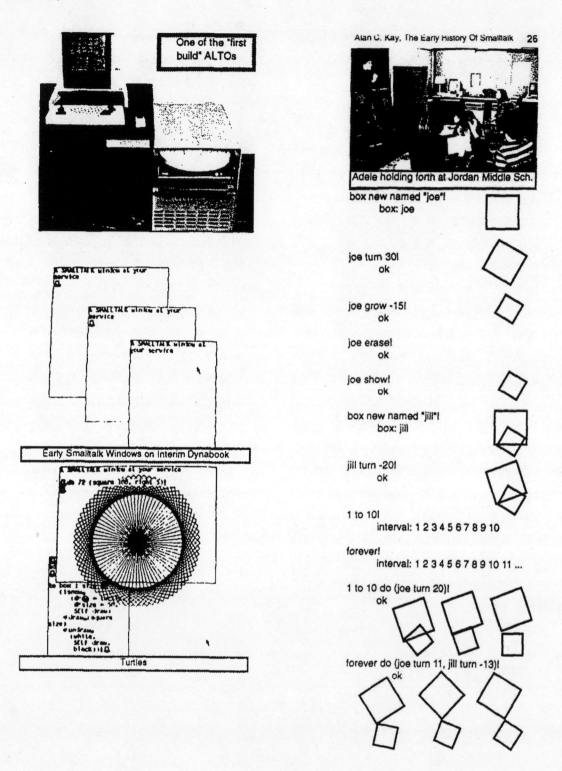

从艾伦·凯（Alan Kay）的《Smalltalk程序设计语言初期史》（The Early History of Smalltalk）（1993）中摘录。

这里他想阐述的是一种新的计算机模式，那就是将数据与程序存储在一起。Kay 十分痛斥聚集型语言那种严格将程序代码与数据分开存储的笨拙做法。LISP 语言则完全不是这样，程序运行的时候会构建代码并且持续没有间歇性停止地运行。

他在下面的文章中引用了 Bob Barton（B5000 的设计者，犹他州立大学的教授）的话：

> 递归设计的基本原理就是使部分具有和整体相同的能力。刚开始我将这个整体看做一整台计算机，不明白为什么人们都想把它分成很多更弱的东西，称之为数据结构与算法。

Kay 对计算机的观点最终描述如下：

> 在计算机术语中，Smalltalk 语言就是计算机本身概念上的一种递归。每个 Smalltalk 语言对象都是计算机整体可能性的一种递归，而不是将"计算机材料"分成比整体更弱的东西，像数据结构、程序和程序设计语言中常用的工具——函数。这颇像将许多的计算机用一个速度很快的网络套在一起。具体描述的问题几乎不用考虑，因为我们主要关心计算机能够正常工作，并且只有当结果不精确或者出现太慢的时候我们才关心特定的策略。

"Hello world"

自计算机成为一件重要的工具以来，所有的程序设计教材都是从同一个小的程序开篇的——通常只有一到两行——就是在显示器上打印出"hello world"的程序。这样作者就能够用在技术上很简单的内容作为开始，但这也包含了程序设计的完整思想，因此可以视作学生从计算机的使用者转变为开发者，从被动的消费者到主动的设计者的一次概念性的飞跃。这是 Kay 在关于计算机掌握上的概念——写比读更加重要。

让我们来思考学生在经历这个角色转变的过程。为了让这个过程更明了，我们暂不深究当前程序的细节而只是思考发生了什么事情。

首先，学生是一个用户，计算机在那做自己的事情（运行一个操作系统，例如 Windows 或者 Unix，提供服务例如文字处理与绘图，告知打印机、网络等等一系列在主机中运行的不可预测的活动）。拿起《Programming in BINGO》一书，阅读第一章你会知道创建一个文本文件，文件名保存为"Myfirst.bng"或者其他任何格式正确的名字。以前这可能就是一个原始的文本编辑器，但现在有一个窗口应用中的巧妙的按钮，但效果上没有区别。我们在文本编辑器中打字输入：

```
PRINT "Hello World"
```

这一刻我们就在开始接近这台伫立在那的陌生的机器。我们并不只是希望程序执行打印"PRINT 'Hello World'"，还希望显示器显示出"Hello World"来回应程序。我们要明白 PRINT 是我们告诉计算机的指令，让计算机明白怎样去回应。

计算机编译程序和运行程序是两个阶段的过程，这一点我们往往会忽视。这之后，"Hello World"的字样就会显示在我们面前（或者以 3D 全息影像的形式盘旋在建筑物对面——这取决于计算机！）。

一个很有意思的思想（一个老程序员的本体论难题）就是使计算机好像能明白它存在于我们生活的这个世界中。学生会有这种感觉，那一团金属和导线突然被唤醒成为了一个观察者，正轻轻地敲击关着它的笼子，想要被释放出去。

电传打字机

在我们运行程序之前存在着两个世界。计算机实体所存在的、我们生活的世界（第一个世界）和计算机内部进行运算的世界（第二个世界）。现在就出现了第三个世界，那就是计算机和我们一起作为观察者的世界，在这个世界中计算机用自己的语言对自己作出回应，就如同它生存在我们的世界。那一行程序激活了我们身边那台有自主意识机器的思想。

图形用户界面经过三十多年的发展，已经提供了一个新的处理第三世界的方式。为了探索第二世界和第三世界之间的关系，更深入地了解GUI（图形用户界面）是有益处的。

交互式管理的发展

结构耦合与鼠标

下面我们思考关于鼠标的知识。实际上我们应该考察两种系统：计算机的界面显示系统、人的视觉感官及手的动作系统。当我们在桌面上移动手掌推动鼠标移动时，一个有色的像素组成的小图块就会随之在显示器上移动。现在来说这是一种标准的使用场景，你很难想象当初它是多么新奇与怪异；用户界面从穿孔卡片到计算机桌面的发展，包括随之而来的形象化，已经使鼠标的应用变得很平常了。我们并不需要深究点击的思想，这源于1960年的Xerox Pao Alto实验室以及Alan Kay的"笔记本"。值得进一步思考的是，我们移动手臂的时候发生了什么事情，我们应该认真思考两个系统之间的这种联系。

当图形界面（GUI）在运行状态时，计算机会接收来自各种与之连接的外部输入设备的信息。来自鼠标的信息是由鼠标内部的滚轮（或其他更先进的装置）通过摩擦两个垂直方向的齿轮产生的。由于这两个齿轮被设计成独立的，它们单独地向计算机发送信息。这两股信息被计算机程序（鼠标驱动程序）做如下转译：

1. 鼠标在左右方向上移动多少距离；
2. 鼠标在前后方向上移动多少距离。

这是在鼠标设计上的第一个主观设想，也就是两个齿轮设置成90°的夹角。

这种信息的内容具有相对性，它只能形容鼠标移动的距离，而不能形容鼠标的所在位置。计算机还需要作另一种主观设想，那就是屏幕上的鼠标控制的指针图形的位置。Windows系统借鉴了苹果电脑（Mac）和施乐之星（Xerox Star），将鼠标指针的最初位置（图形用户界面载入时点的位置）设定在屏幕的左上角，值得注意的是这和鼠标在桌子上的位置是毫不相关的。这就是关

输出设备的形式可能会有所不同……

于鼠标设计的第二个主观设想。

同时，图形用户界面的软件也是显示在屏幕上的，这就意味着需要通过将众多像素点的颜色值分配到某些特定的存储区来显示一系列的颜色块。计算机有很多的空间来存储屏幕上上百万的像素点的颜色值，但这些数值通常都是按像素存储在特定的区域。

要画出鼠标控制的指针图形，计算机程序需要做到：

1. 计算出指针图形所覆盖的像素点；

2. 将这些像素点塞进一个临时的区域；

3. 用那些描述指针图形的像素点代替指针图形覆盖区域的像素点。

当鼠标移动时，计算机程序需要做到：

4. 计算出鼠标指针的下个位置；

5. 将鼠标指针之前所在位置的像素点还原；

6. 将鼠标指针下个位置区域的存储区复制到一块小的临时区域；

7. 重新绘制下个区域的指针图形。

以此循环往复……

同时具有感官的人工作在另一终端。这个人可以看到屏幕及屏幕中的鼠标指针，还能感知并看到操作鼠标的手臂和手。我们怎么知道我们的手在哪，这是一个自出生以来长期的学习过程，神经系统通过触觉信号、肌肉紧张以及反馈来控制我们的手臂和手的动作。这种学习过程在婴儿与手臂断掉的人中有最好的体现：婴儿刚开始他们随意挥舞自己的手臂，直到他们意识到手臂是他们身体的一部分；手臂断掉的人会感到疼痛然后会失去自己的手臂。在此我们不打算深究我们怎样学习控制手臂，而只关注下面的过程：

1. 我们看着屏幕，观察指针并决定将它移动到屏幕中的哪个地方。

2. 将手放在鼠标上，这时一般也是看着屏幕。

3. 当我们移动手臂我们看到鼠标指针在移动，因此我们决定继续移动手臂，然后停止或者改变移动方向。

在这种情形中，在屏幕、眼睛、大脑、手臂、鼠标、鼠标指针之间就形成了一个反馈回路。移动鼠标会引起指针移动，同时指针移动会告诉我们应该怎样移动鼠标。

上述冗长的讲述是为了说明，该反馈回路（屏幕、眼睛、大脑、手臂、鼠标、鼠标指针）是将用户看做一个封闭的、完整的循环，并且伴随着线下严格的逻辑推理。但如果我移动鼠标，而屏幕上的指针没有移动呢？这时，上述反馈回路就变得不连续了，实际上，此时就分成了两段循环：

鼠标信号 > 程序 > 指针移动

视觉 > 大脑 > 手臂活动

从鼠标的设计思想来看，这两个循环过程看起来就像一个。但如果你将鼠标转过来让鼠标尾部朝向你，循环的间隔就很明显了——当你移动鼠标时指针向相反的方向移动，因为这与鼠标设计的第一个主观设想是不相符的。同样，如果你将鼠标放偏一个角度然后水平的左右移动，指针将在屏幕上做对角移动。而且，如果你将鼠标

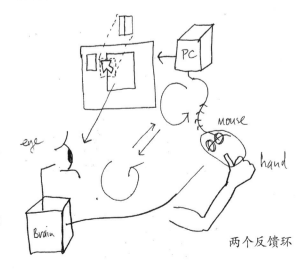

两个反馈环

Meanwhile the GUI software is maintaining the screen display, which means colouring in a block of pixels by assigning colour numbers.

在文本上的指针

　　上面那张放大的屏幕截图展现了计算机对文本中文字的"自动修边"，就是一个修补字体笔画的曲边让人观察到更锐利的图像的算法。纯黑白文本中的字是由看上去不舒服的点聚成的。因此，明显的模糊并不是没有能够获取像素点，而是我们眼睛的直观感觉。当然，打印版的文本就是另一回事了——书面文章是按 1000 DPI（分辨率单位）来打印的，而不是计算机中的 72 DPI，因此就没有修边的必要。

字母 w 放大的像素显示

Maturana 关于结构耦合的例子

　　我们用一个例子来说明这种情形。让我们设想在飞机中的情形。飞行员与外界是隔离的；他所能做的就是根据自己看到的、按照一定途径来操纵飞机。当飞机着陆飞行员走出飞机时，他的妻子和朋友很高兴地过来拥抱他，并对他说"你能安全飞回来真好，我们都很担心你——因为这场大雾"。但是飞行员回答很奇怪："飞行？大雾？你们在说什么？我没有在飞行或者着陆，我只是在操作飞机中那些互相关联的仪器来得到一些仪表上显示的各种情况。"在飞机中所发生的所有状况都是由人与飞机的结构决定的，并且不受产生扰动的媒介特性的影响，扰动被飞机的动力学系统补偿消失。然而，从观察者的角度来看，只有当飞机的结构与该媒介特性相匹配时，飞机的内部动力才能使飞机起飞；否则，即使在未匹配的媒介中，飞机的动力学特性也区别于飞行时的动力学特性。所以，由于机体或者神经系统或者任何动态系统通常决定于系统结构，令人满意的表现通常是机体（动态系统）和媒介在结构上匹配的必然结果。

（Maturana，1978：27–63）

拿起来在半空挥动，鼠标指针则不会在屏幕上移动（你并不会对此感到惊讶，虽然星际迷航中的 Scotty 希望鼠标能够那样工作！）。

鼠标的成功应用取决于两个子系统（鼠标 / 程序 / 指针和眼睛 / 大脑 / 手臂）的耦合以达成一种一致性，让我们明显感觉到我们实际上是在用手臂推着屏幕上的小箭头移动。这就是 Humberto Maturana 所说的"结构耦合"，这两个系统并没有直接的联系；我们只是感觉在推动屏幕上的箭头，但其实他们是两个不同域（计算机软硬件和人的思维）的计算信息。在这个例子中鼠标指针推动过程中的共识域就被构建起来了。

在这个例子中，所有的工作都是由人来操作完成的，计算机只是默默地在那里接受命令，当然并没有在想"搞清楚"人在那做什么。然而，在含有两个有相互联系的系统的情况下，每一个系统都具有学习能力（根据之前的状态对自己做调整性的操作），这样就会形成一个更开放式的结构耦合。

当你将鼠标转变方向时，所形成的共识域就被破坏了。这对计算机来说也是一件繁重的工作，它将放缓计算机接收信息的速度以至于鼠标指针不能跟上手臂的动作，指针会四处跳跃；因为我们眼睛 / 手臂的耦合无法正常工作，看到的也就是混乱（现如今这已经不是一个问题了，但是如果你试图画一条曲线同时为泰姬陵描绘 15 辐射度的解决方案，这个问题就会出现）。

然而你可能会说，当用户移动鼠标的时候计算机从用户那接收信息，这难道不是只有一个循环吗？问题就在于对信息的定义。人们会想他们正在影响屏幕上鼠标指针的位置，而计算机会认为它接收到了命令。当你将鼠标反向放置（或者试着从一面镜子中观看屏幕——就像有一个人背对着你进行操作一样）的时候，你并没有改变传送到计算机的信息，但结果却是不一致的。正如 Autopoeticists（见专业术语表及其索引）所指，我们这样并不是在向计算机发送信息而是在扰乱它。计算机同样也在扰乱我们，因为鼠标指针随着我们手臂的移动而移动到了屏幕上不同的位置。这是因为当我们握着鼠标移动手臂 / 手系统的时候，我们会看到鼠标指针在屏幕上移动——因此我们会认为我们在移动鼠标指针，就像我们在直接推着鼠标指针那个点移动一样。

这对我们来说非常熟悉，因此我们并不对此感到奇怪；新的"触觉的"界面依然会对我们有较大的影响，在这其中你在三维的空间中移动一个棒，同时看着一个三维的画面就能真切感觉到屏幕中显示的障碍。你可以通过任天堂的 Nintendo Wii 游戏机来体会这一点——当你打网球时，握着游戏棒用力的震动以至于让你增强自己和网球产生联系的错觉，此时也就产生了共识域。

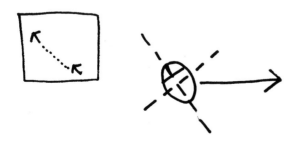

将鼠标斜放然后在 X 轴方向上左右移动，鼠标指针就会在电脑桌面上不规则运动

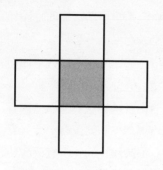 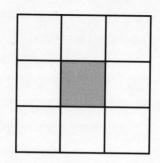

左图所示的是 von Neumann 邻域
右图所示的是 Moore 邻域

Threshold =

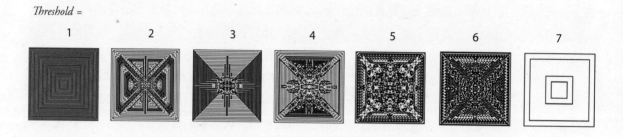

| 1 | 2 | 3 | 4 | 5 | 6 | 7 |

;; 计算出一个基本块周围颜色块的数目。

;;"邻居"（neighbors）是 NetLogo 语言中的术语关于 Moore 邻域的术语。

```
ask patches [set howmany sum [state] of neighbors]        ; State=1 的邻居的数目

ask patches ;
[
  ifelse state = 0                                         ; 检查该基本块的 State 值是否为零
    [if howmany > 0        [set state 1] ]                 ; 如果是且邻居的数目大于零，将 state 置 1
    [if howmany >= threshold [set state 0] ]              ; 如果否且邻居的数目大于等于 threshold,
                                                              将 state 置零
]
```

;; 如果基本块的状态（state）是 1 就对它着白色；否则，着黑色

```
ask patches
[
  ifelse state = 1
    [set pcolor white]
    [set pcolor black]
]
```

谁在观看?

能够展现多层次观察者的计算机程序的另一个比较好的例子就是细胞自动机。细胞自动机基于下面一种算法:考察研究对象周围的当前环境,然后根据发现(例如'我要不要建成一堵墙')应用某种规则。这种系统通常令人感到意外,它经常能展示许多由局部规则应用的相互作用生成的复杂整体结构。当整体规则应用到程序算法中,细胞自动机通常会运用中央处理单元中的阶层线性偏差以并行的方式进行决策。

魔毯

作为一种类型的一个简单规则产生多样性结果的例子,"魔毯"是 1941 年由 von Neumann 与 Ulam 最初设计的细胞自动机的很好体现。这是一个基于由当前邻居影响产生的正方形网格图案的自组织模型。这里细胞域用基本块(PATCHES)表示,一个构成了图形窗口中的二维阵列。一个细胞的邻居是当前包围着它的那些基本块。邻居可以是包围着他的四个边的基本块(Moore 邻域)或者是周围一片 3×3 的基本块(von Neumann 邻域),图形见上一页。

在这个例子中,邻居的数目被设为 8,也就是 von Neumann 邻域。

魔毯是细胞自动机的一个例子,由细胞阵列中心的单个细胞衍生而来,生成一片对称的图形。算法中包含一个引发条件 2 变化的白色细胞的临界数量(Threshold)。魔毯的生成规则如下——所有细胞都同时遵循下面的规则:

- 规则 1——如果一个黑色细胞有一个或多个邻居,就将其着白色。
- 规则 2——如果一个白色细胞有多于临界值(Threshold)的邻居,就将其着黑色。

还要注意,程序代码仅仅描述一个基本块的行为规则,但 NetLogo 语言将这些规则同时应用到所有的基本块中。(在 NetLogo 环境中,我们是由一个黑色细胞生成白色图案,但为了清晰我们采取相反的方式)

- 你可以将 Threshold 的值设置为 0—8 的任何整数。
- 这个过程是由周围一片是黑色细胞区域,中间是一个白色细胞的图案开始的。
- 经过一系列相互关联,由单个的白色细胞衍生出一个对称的图案。

通过改变上面算法中 Threshold 的值,由单一种子细胞可以生成 7 种不同的图案(Threshold 值为 0 或 1 时,生成的是单纯白 / 黑色图案)。

从上面魔毯的例子中我们看到,生成的是对称的图案(如果原图是对称的)。我们看到作用于所有基本块的小程序经并行运算生成了整体结果,因为我们具有感知能力的系统给整个正方形网格发出了命令,然后图案就产生了。

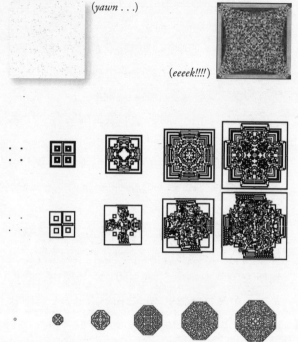

(yawn . . .)

(eeeek!!!!)

想必我们的大脑会去寻找"有意义的"图案，因为它们通常代表与未分化世界中自然的混乱有所不同的东西，在过去的40亿年中这种形状的东西不是食物就是危险（或两者兼有）。

从4个源图我们得到了不同的对称图形。

稍微错落分布4个源图，这种简单的图案形式就被打乱了，生成的就是倾斜对称的图案了。

将上述规则变得稍微复杂一些，使T（Threshold 的值）随着时间变化，这样就会生成具有二阶结构的新图案。

26 generations with T=（T mod generation）

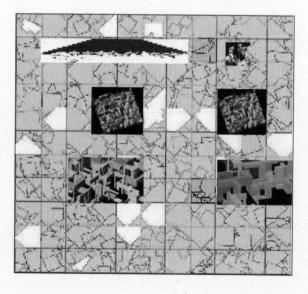

图示是一个"基本块"是立方体的细胞自动机，其规则是：如果它们的邻居比他们密集，它们自身就会被切掉一小块。

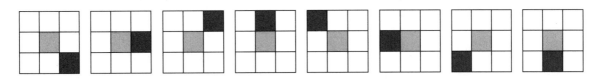

一个邻居的 8 种不同的方式

复杂度与复杂性

问题是，尽管所有的细胞都遵循相同的规则，为什么依然能够生成整体结构？原因就是，虽然所有的基本块都执行相同的一段程序，但它们的环境各不相同。从最初开始看，最初的源图开始将一个细胞着白色时，周围八个基本块的环境就有了细微的差别，这有时意味着它们没有同步的应用法则。如果没有原图，也就不会有结构生成。这就意味着生成总体结构是靠打破匀质区域的对称情形。最先出现的不对称导致各基本块执行程序中不同的代码段，然后各基本块的邻居就变得更加不同，因此又会导致各基本块执行程序中不同的代码段，以此往复循环——我们看到的是一个相互之间不断扩展的反馈循环案例。

从整体图案可以看出，这种分布式的表达使算法呈现出重复的对称性。这是该模型的外在体现，是建构得到的完整形态，如上一页所示。这些图片都是相当复杂的，因为图片的描述是相当繁杂的（就像蒙德里安想要通过电话从欧洲向纽约传达指导《New York boogie woogie》油画的绘制一样——它会是一个像一盘国际象棋那样长的电话）。因此，如果输出结果比规则复杂得多，那就说明整体系统十分错综复杂，而不仅仅是复杂。关键在于模型的状况——它是一个分布式的模型，能够进行并行运算。

举一个更进一步的例子，用一个学生的工作成果来说明这种复杂怎样应用到建筑学里面。这里将方形单元网格看做空间阵列。在过程的开始，各单元根据上面魔毯示例中的规则来考察它的邻居，但不仅仅是数出被占据的单元数目，而且还要计算 8 个邻居的总体体积。当我们对此用 CAD 软件运行时，其邻居实际上是可作为立方体单元继续衍生的立方体。其邻居体积比较大的细胞就会自行去掉一块以使其邻居密度比较均衡。在这个例子中，首先定义一小块立方体，让它进行不断旋转然后从细胞中切掉一些立方体形状，就形成了所见的结果。

由于细胞邻居的邻居也包括其自身，因此所有的细胞都会削减自己直到预定的密度。在最初实验中发现，边角的细胞总是比内部的细胞更加密集，因为它们的邻居相对较少。这种影响在3D 视图中表现得更明显。

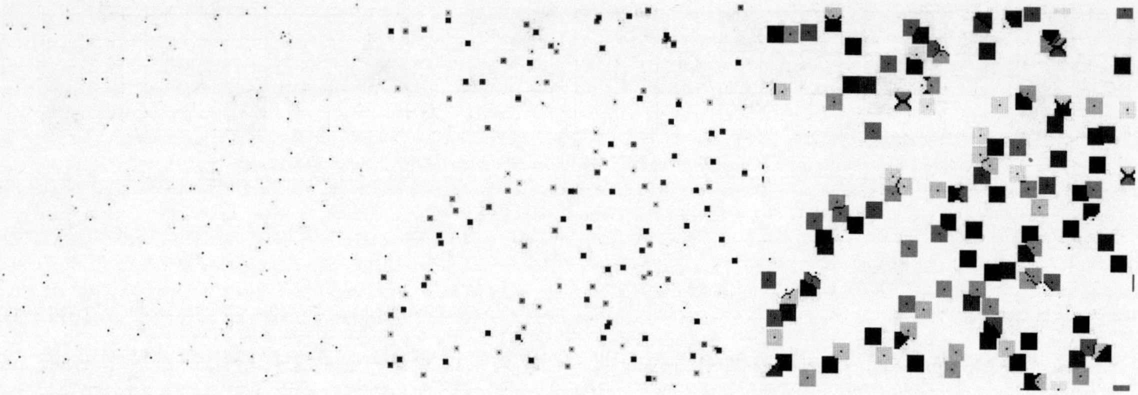

```
if pcolor = white
[
    set d max-one-of neighbors [pcolor]
    set a [pcolor] of d
    set b count neighbors with [pcolor = a]
    set c count neighbors with [pcolor = white]
]
ifelse (c + b < 8 )




[set boundary true]




[set sl a]
```

；当基本块是白色的时候

；用 d 代表邻域中数目最多颜色所占基本块

；将 a 着成 d 的颜色

；在邻域中着这种颜色的基本块数目

；白色块的数目

；如果数目最多的颜色所占基本块和白色基本块数目之和小于 8，就一定有其他颜色的基本块，也就是在邻域中存在 ≥ 2 的非白色基本块，因此就会有一个分界线。

；设置一条分界线——用其邻域的混合颜色来着色。

；只被一种颜色包围时，将颜色设置成这种颜色。

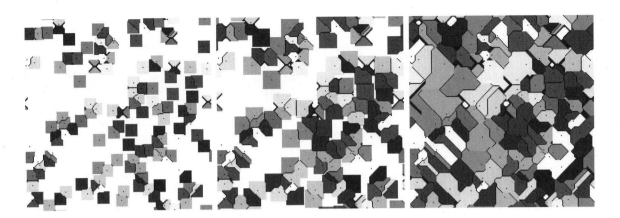

利用细胞自动机原理由原细胞进行颜色扩散形成平面镶嵌图案的过程。需要注意，在这个生成结构的模型中，只有当整个过程进行完毕，才能得到最终结果——所有的单个模型都有自己的发展过程，这一点不像第一章中 Voronoi 图那样从始至终都有一个整体的图案。

整体定义的空间组织生成

在第一章中有许多利用小的自主并行计算单元（其代理或者 Logo 语言中的海龟）生成空间形态的图形（绘制多边形）。在这种情形中，系统中移动的海龟所在的空间是没有差别的。利用一个基于细胞自动机细胞网格的离散系统和一个固定的拓扑规则就能产生同样的结果。上面的图形是用 NetLogo 语言编程产生的，利用细胞自动机原理来扩展 Voronoi 图式的细胞，并且用 NetLogo 扩展程序利用排斥力来产生空间分区(扩散细胞形成了在源点之间等距的分界线)。上述两个案例都是从一个源点开始扩散颜色或者其他定义的细胞特征。当扩散的细胞遇到一片灰色度不同的区域就会停止，然后这个边界就会被白色的细胞标记。这种情形在三维空间中的表现（参见第 48 页）。

算法

所有的基本块都被设置成白色，然后随机选择一些设置成其他颜色。

1. 所有的白色基本块都被命令去察看它们邻域中基本块的颜色。

2. 如果他们都是白色的，则不进行任何操作。

3. 如果它们都是同一个颜色，那么将自身着与邻域相同的颜色。

4. 但如果你发现邻域中有多种颜色，那么将自身着成白色。

因此，所要做的就是编写一段简单的代码来侦查这个边界条件——代码见上一页。

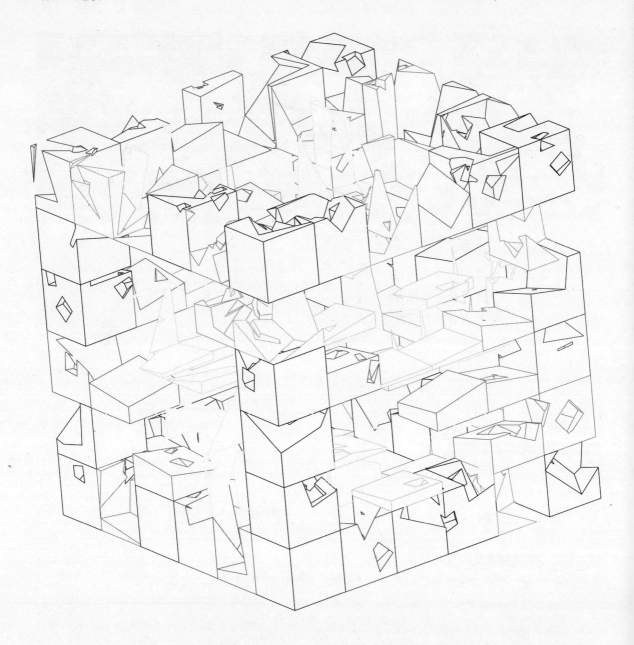

（Gennaro Seannatore，计算和设计硕士研究生，东伦敦大学，2008 年）

在基于立方体单元格的细胞自动机模型中，所有的边都是水平的，垂直的或者呈45°倾角。在完成这个设计中，扩散变化的应用带来了更高辨析度的效果。这种扩散算法基于一种从最初点散发出的某种想象的"化学物质"的渗透。在这些图片中，单元格的颜色相互交融并呈逐渐变化趋势，以反映源于最初点并快速变淡的这种化学物质密度的逐渐降低。就像细胞自动机例子中那样形成的白色的分界线在这里更为复杂。

三维空间的细胞自动机——神奇的海绵

上面的图片相当于魔毯在三维空间中的呈现，因此我们称之为神奇的海绵。像魔毯一样，它也是源于一个单个的原图，其规则如下：

1. 拥有1—6个邻居的空细胞是活的；
2. 任何拥有1到所设临界值个邻居的非空细胞是活的，否则就是死的。

在这个例子中临界值设置为3。

三维环境中的程序文本仅仅在邻居的定位上与二维平面有所不同。在三维空间中包围着一个细胞的邻居有26个。在二维平面中，von Neumann邻域图案中一共有$3 \times 3 = 9$个细胞，减去自身一个，还有8个；在三维空间中，一共有$3 \times 3 \times 3 = 27$个细胞，减去自身一个，还有26个。

背面的示例是三维空间中减法版本的细胞自动机的初始变化展示。它展示了仅由一种利用旋转立方体的简单切削规则产生的各种不同形态。在密度上有个规则，系统边角的细胞比中央的细胞被切的少，因为它们的邻居数目相对较少。与第一章中基于代理的生成形态相比，这些结果在图解上更明显，但问题是很难控制，因为在程序运行之前你不能知道会得到什么结果。这当然也是复杂动态系统的主要特点，也是它有趣的地方。然而，这可能会令学生很沮丧。解决策略是当处理复杂动态系统时，对于所有问题就在于习惯算法式的思考，也就是说去感受生成算法中的微小改动会对结果产生怎样的影响。这与循序渐进的建立设计有所不同，或者说这是一个相同的过程，只不过增加了根据规则变化结果的即时反馈。对于设计过程和教学方法而言，这是一种探究空间形态的新方法，这也是本书的一个根本目的。

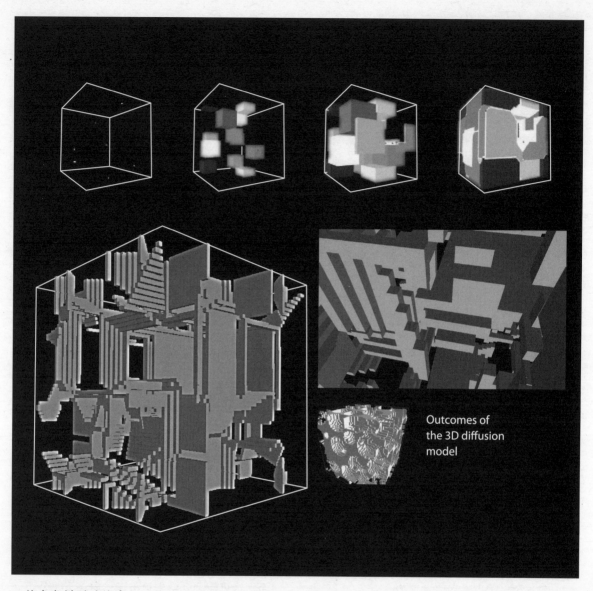

Outcomes of
the 3D diffusion
model

三维离散模型的输出

三维空间中的反应扩散

利用前面介绍的相同算法，在三维空间中形成立体分割就像二维平面中一样简单，但用的是着色的立方体而非正方形。算法运行的过程是从扩散生出立方体的原细胞开始的。当它们相接触的时候就会形成三维中的分界面而非二维平面内的分界线。最终结果就是一个包含分界面的复杂空间结构体。

我们看到的依然是由一个相当简单算法的生成的一系列结果。形态的复杂性源于扩展的立方体之间许多不同的相交方式。在这种方法中，我们仅关注过程来达到效果，而非用某些推算方法计算出分割面。这种区别与前面所讲的生成网格是一样的，并且具有同样的优势——我们可以很容易地改变规则和开始条件，由此我们可以关注算法中不同条件所具有的含义以及探究规则变动后的生成结果。

在二维平面中，扩散的应用可生成更高分辨率的结果。

提升观察层面

如果你想在结果中建立某种总体静态特性（例如反映扩散例子中空间的平均体积的值），此时命令局部代理就没有用了——它们只知道它们即时邻近的区域。在这种情况下，你可以命令总体观察者去数出红色细胞的数目，然后了解整个空间的情况，决定当前哪些细胞应该被着成红色。我们可能想要了解其他的总体观察，例如在生成过程中边界的总长，节点间的最短距离等。

对于观察者的串联可以形成如下的概念：

顶层的人注视着电脑，用大脑 / 眼睛看着：
程序中的总体观察者 / 汇报者——电脑观察：
程序中的局部代理观察着当前的环境。

对于软件用户的情形，这种体现是很明显的。如果用户是一个程序员，那么整个过程就变成了一个循环，人可以直接改变各种有目的的观察方式——也就是软件的功能。这就是 Papert 和 Kay 所追求的，运用新的"思维明镜"进行思考的新方式的发展。

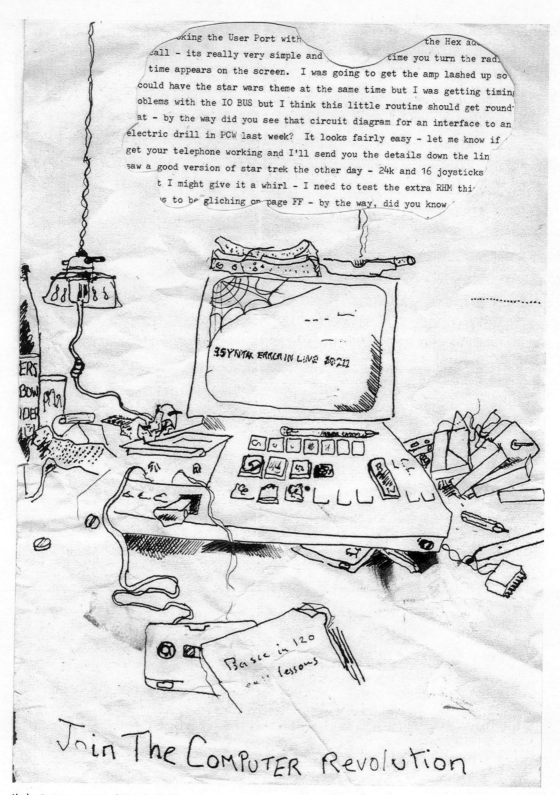

作者于 1979–1980 年创作的明信片

读写以及计算机技能

在本小节你需要明白，当计算机在建筑中的应用以某种媒介为平台时，如果设计者能够在媒介开发的层面与之进行交流，就可以扩展软件的功能来重新设计，进行一系列更深入的操作。当然，只有当交互作用是透明的、不言而喻的，并且有一个明确定义的计算机写入方式，不能太繁杂，也不能太随意，这一目标才能实现。

你可能会提出疑义，既然现在 CAD 软件包含了设计者所有可能需要的工具，我们为什么还要努力地将自己变成程序员，浪费我们在设计室的时间呢？复杂仿真、动画演示以及图形转化越来越有效，而且参数化系统已可以在正式实验中发挥作用，甚至有进化算法和神经网络的插件。对于上面提出的问题，作者想作以下回应：

1. 应用一个完整功能的仿真 / 动画软件并不是件容易的事，想要熟练掌握，用户需花费与设计相同的时间。

2. 基于文本的脚本语言具有开放性，可以克服任何可能的界面操作上的限制，尽管你最初可能会感到困难。学会一种简洁、功能强大的语言，你可用编写行为之间的反馈回路来进行一系列无休止的实验。

3. 使用人工智能和人工生命插件，而不去尝试理解其内部结构，是没有教育价值的。改编和调整算法的核心比调整参数要有意义得多。

基本上这是 Papert 和 Kay 的论点，当你可以很轻松地得到十分之九的水，为什么偏要围绕在冰山的顶尖呢？

第三章

机器自我开发的奥秘

我们已经知道简单编程是刻画、描述和理解客观世界中物体形状和图案的最佳方法，现在我们开始对计算机的探究。按惯例我们首先介绍图灵机。对此，我们首先从逐步地介绍图灵机工作方法（算法）开始。这基于作者用 JavaScript 语言编写的仿真程序，此程序以一个加法器和图像识别器的样本软件的形式公布在网站（http://uelceca.net/JAVASCRIPTS/topturing.htm）。John L.Casti 在《Reality Rules》（1922）中对其算法的基本原理作了非常明确、论证充分的解释说明。

需要注意的是，图灵机从未真实存在过，它是在 20 世纪 30 年代由 Turing 提出的表示通用计算机基础设计的理论模型。计算机设计思想的一般性是很重要的，Turing 的天才之处就在于从抽象层面上定义计算机，这样就能应用于解决更广泛的问题。Alonzo Church 和 Emil Post（20 世纪早期另外两位数学家 / 哲学家）利用函数论为计算机的这种抽象理念奠定了基础，这种理念对其后 LISP 语言的定义起到了间接的作用。

在 20 世纪初，工程师们都在为解决一些复杂数学计算问题而致力于研究具有专门功能的机器，最早的典型代表就是 Babbage 研制的差分机。这些数学机器都是改变图灵机的结构进行编程的，在运行之前对机器进行再设计。不管是齿轮与皮带结构还是导线与继电器结构组成的系统，都是针对面临的问题而设计的，然后机器可以运行输出所需的结果。例如在差分机中这些结果（潮汐表以及一些其他的结果概要）是由连接在机器终端的打印机打印出来。一个未完成的差分机样品就陈列在伦敦的科学博物馆中。Turing 的创新就在于定义了一个其功能靠软件实现而非硬件（如果英国人没让美国人主导了计算机的发展，很可能计算机被称之为"铁器"）实现的机器。图灵机的草图设计最终是在曼彻斯特大学完成的，同时美国的 von Nenmann 在普林斯顿大学也完成了这项工作。

图灵机的重要性就在于它从抽象层面定义计算机的思想，以及将计算机看做一个符号处理机器而非计算器的思想。很多早期的认同者都试图将此作为一种理论模型，这为计算机设计提供了很重要的普遍性。这导致了计算机问世不久之后人工智能（AI）的诞生。我们大脑中的任何活动都是一个大范围的细胞代谢以及突触组织在大脑中一个巨大网络（神经网络）中信息交流的结果，而 Turing 早在 1940 年一份未发表的（之后于 1968 年发表）文章中就提出人造神经网络的思想，只不过当时他在国际物理实验室的导师 Charles Darwin 爵士并不鼓励他进行这方面的继续研究。

下面我们再现这段计算机历史来说明计算机自我开发的方式。这是在 1996 年书写的关于麦金塔电脑（Apple Macintosh 或简称 Mac 机）的故事，一直流传到今天。

Mac 机的开始

Alan Turing 和 John Von Neumann 分别在 1936 年和 1947 年描述了一种能够读取和操作一系列符号的机器，通常被描述为像磁带机（当时人们知道的唯一一种可读输入的机器）那样的机器。这种机器被证实可做的事情之一就是进行自我复制，因为机器的运作（它对符号解码的方式）可以用可读磁带上的符号进行编码描述。

这种机器的一个"规律"就是，当机器停止、没有在读取磁带时，你不可能通过简单的观察得知它将会做什么。因此 Mac 机在断电的时候就只是一堆零件。

但正如许多最初的设计者所希望的那样，情况也并不完全如此，因为即使在静止状态下，一股很小的电流就能够保持一些电路运行。这些电路中的电流是由一块小电池提供的，这块电池具有十多年的寿命。这些电路保持着内部时钟运行并监视着两个开关——键盘上的和背面的开关。按下其中一个开关就会将机器打开，为计算机主板提供 5V 的直流电。一个石英时钟开始摆动，然后产生一个方波电压来用第一波指令唤醒微处理器。这些使 Mac 机开始自我开发活动的指令存储在 ROM 中—— 一种只读存储空间，并且不需要电源维持。它包含了最初的开机程序，告知 Motorola 芯片它的存在，以及内存和主要输入 / 输出设备的位置。

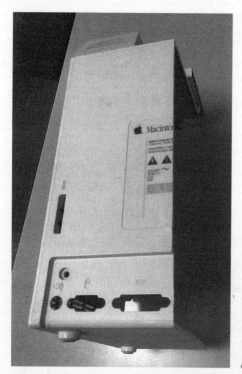

Mac 机的外形（左图）和内部设计研发组成员的雕刻签名（右图）。Mac 机在 1984 年建立了应用设计的黄金标准，被 Stephen Levy 称赞为"无比的伟大"。这里展示的机器就是"专业版"，当它被后继产品代替时，由于用于教育的原因将它拆分成了两部分。

当内存（RAM）通电时，它处在一种随机的状态，并且每个单元都必须被清空然后存入数据。我们在 20 世纪 50 年代用早期的主机实现了这一点。现如今，Mac 机已经能被应用研发出很多装置，可能是一种专门的机器控制器，脑部扫描仪或者炼油厂数值监视器。

（15ms 过后）

微处理器通电之后，导引程序就会从 ROM 中复制下一波指令到 RAM 中，芯片便开始执行这些指令。

这些指令构成了计算器操作系统或者 MOS。主要组成有：

- 数据总线驱动（包括硬盘驱动）；
- ROM 中显示语言程序的地址；
- 摄像头驱动；
- 服务中断程序。

到 20 世纪 70 年代就有了具有图像处理能力的通用计算机，但用户操作起来十分麻烦。指令操作界面（甚至比 MS-DOS 更晦涩）是由一些代码构成的，这些代码只能够由程序员通过程序开关查看（在个人电脑上无法查看）。在开机的时候你必须等待系统载入。

现在 Mac 机已经达到了半标准化，所有的零件都有自己的标准位置。只需要将这些零件组装起来就可以得到一台 Mac 机。打开 Mac 机开关约半秒钟后，屏幕就会亮起来，呈现出一个黑白的像素点网格。现在 Mac 机中包含各种处理装置，并且有一个功能定义良好的图形工具可以与用户进行友好沟通。这是一种图形界面的通用计算机，但是这种图形界面怎样具体应用还需要有待确定。

（约 2s 之后）

这些组织程序都是运行在芯片上的，当它们正在运行的时候，芯片开始加速，其内部电路会将数据反馈给处理器。这时，BLOS 就会要求芯片将其中的映射信息传送回来，一旦信息传送到 BLOS，系统文件就会被按地址载入到内存中。系统文件载入后，屏幕就会亮起来并出现"Happy Mac"的欢迎画面。

（10s 之后）

载入的第二个软件就是 Window Manager。这个软件控制着图形用户界面（GUI）的各种事务，并突出 Mac 机所有的可视部分。窗口管理软件的代码大多写于 1984 年。

至此大约有 1MB 的软件载入到 RAM 中，软件运行在少量的 MOS 和 Window Manager 代码的基础上。该软件应用 Window 中的基本元素、图片、菜单以及创建我们所能识别的 System 7 环境的指针，最终载入并运行 Mac 系统的最后元素——Finder。Finder 用图标及窗口来展现 Mac 桌面，然后进入等待。这是在 1996 年实现的——这不到一分钟的运行过程是计算机 50 年的发展结果。

现在系统已经成功建立并处在运行中，等待着第一个来自外界的输入。整个个人计算机就像是计算机软件的一座冰山，而用户界面（你所看到的内容）只是其冰山一角，用户界面只是运行在中央处理单元的较低层面，我们在之后的章节中会介绍一些较高层面的程序运行。

上面所述从一些专门的装置而不是一个抽象的思想上形容了图灵机的实际实现。计算机所具备自我开发的思想在不同机器中的再定义的发展，随着 Mac 机的问世达到了一个顶点。但是我们也应该了解图灵机的根本思想，因此现在深呼吸做好准备……

图灵机

尽管只是一种理论模型，但图灵机为通用计算机提供一种基本的设计思想，还需要被制造成真实的设备。图灵机的实现是由 von Neumann 完成的，他因在普林斯顿大学设计出第一台通用计算机 ENIAC（电子数字积分计算机）而被美国人所称道。von Neumann 是一个天才数学家（他最著名的一句名言是"如果人们不认为数学是简单的，那只是因为他们没有意识到生活有多复杂"），他不仅设计了现在我们还在应用的中央处理单元的整体结构，还将这种思想应用到通用计算机设计中。最后 von Neumann 和他的朋友 Ulam 设计出了一系列的理论模型，催生了对"细胞自动机"的研究。早期研究者的一个特征就是他们思考的很多，其实人工智能的基本思想当时也被提出来了，他们思考涉及有思维能力的机器，人造大脑等等。但后来直到 50 年后人们才开始研究这些项目，更不用说得到成功的结果了（在现实世界中现在依然没有能够自我复制的机器）。

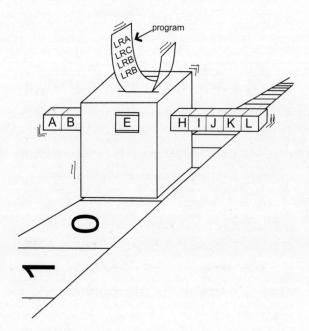

图灵机包含下面三个组成部分：

1. 磁带——在机器开启前写着输入符号信息的长长的带子，在机器运行过程中可以被读取或写入。

2. 读 / 写磁头——可以沿着磁带向前或向后移动的装置，既可以读取磁带上的符号，也可以向磁带写入。

3. 状态表—— 一组决定读 / 写磁头工作方式（磁头状态）的指令。

表中的条目分别命名为 A0，B0，C0，A1，B1，C1. 表中的指令形式为 < 数字，方向，新状态 > ：

- 数字（磁带上当前所读数值）只有 0 和 1 两种；
- 方向有 R 或 L 或 stop（分别代表读 / 写磁头右移、左移及停止）；
- 新状态有 A、B、C 或停止。

在图灵机中，读 / 写磁头有三种状态，分别是状态表中的 A、B、C。在任意时刻磁头都会读过 0 或 1，因此可以形容出机器六种不同的动作方式。每种动作方式都包括：

- 即将写到磁带上的新符号。
- 读 / 写磁头的移动方向。
- 即将进入的新状态。

需要注意的是，读取状态表中一个条目会引发一次新的动作，包括能够下一个新动作的状态 + 符号。

读 / 写磁头被置入状态 A，在加法算法中读 / 写磁头会移动到磁带上的第一个"1"，然后在左右方向上移动进行读取。

加法图灵机

输入磁带包含由一个 0 分隔的两组数：

00011011100000

当机器运行结束时，磁带将会包含上述两组数相加之后的和：

00011111000000

这种累计的计算过程在状态表下面的窗口中呈现出来。状态表决定了机器根据所读数值进行的下一步动作，如下所示（也可参见右边的网络截图）：

状态	如果读到 0	如果读到 1
A	写 1，右移一位，进入状态 B	写 1，右移一位，进入状态 A
B	写 0，左移一位，进入状态 C	写 1，右移一位，进入状态 B
C	停止	写 0，停止

储存在表中的算法代码呈现在上述屏幕截图中。

下面的数据是地址或指令内容，状态表中的地址如下：

A0	A1	A	1RB	1RA
B0	B1	B	0LC	1RB
C0	C1	C	stop	0stop

在算法中我们根据当前所处的状态（A、B、C）以及当前所读值（0、1）来确定建立空间。因此，我们进入状态 A 并读得数字 0，就得到了"A0"。A0 是一个数据段。但当我们考察"A0"就会在表中找到"A0"的地址，其内容是 1RB。因此

表中的每个位置都包含一个地址和某些数据，我们可以利用这些数据来建立新的空间。下一页我们将会一步一步地考察它的工作过程。

The input tape should conain two groups of ones separated by a zero.

output 00011111000000
input 00011011100000

type any sequence of 0s and 1s but don't expect it to work unless you follow the rules above

State	symbol 0 read	symbol 1 read
A	1RB	1RA
B	0LC	1RB
C	stop	0stop

Console: this is the record of the progress of the algorythm

```
state A rule null
state A rule R symbol 1
state A rule R symbol 1
state B rule R symbol 0
state B rule R symbol 1
state B rule R symbol 1
state B rule R symbol 1
state C rule L symbol 0
state t rule s symbol 1
```

Run Machine　Reset Tape

图灵机的网页截图

开始时我们将状态设置为 A，读 / 写磁头移动到磁带上的第一个"1"处（输入磁带上左起第四位）——现在还没有开始定义规则。

状态 A 规则空

从磁带上读得的符号是 1，因此建立一个新地址：

= 状态 + 符号 =A1

地址 A1 的规则是 1RA（见上页的表格）

这意味着：在磁带上写 1，右移一位并进入状态 A。

符号 1 规则 R 状态 A

磁头移到下一位后符号还是 1，地址

= 状态 + 符号 =A1

继续按上述规则移动，直到磁头移动到磁带上的符号 0。

磁头继续移到下一位，其值为 0。地址

= 状态 + 符号 =A0

地址为 A0 的规则是 1RB。

这意味着：写 1，右移一位，进入状态 B。

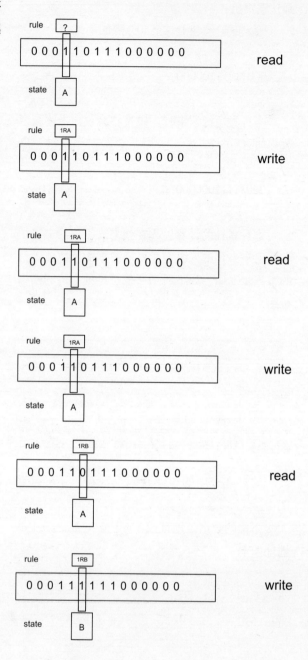

在状态 B 中我们继续读取符号，在磁带上写 1（至此我们已经进行了 4 个读取循环）

我们继续读取下一位的符号，其值为 0（数据结尾的标志）

地址 =B0

B0 处的规则是 0LC，因此在磁带上写 0，并左移一位，然后状态转变为 C。

状态 C 规则 L 符号 0

读取下个符号，其值为 1，因为我们之前左移了一位。

地址 =C1

C1 处的规则为 S（stop）

状态 t 规则 s 符号 1

这就是我们的最终计算结果。

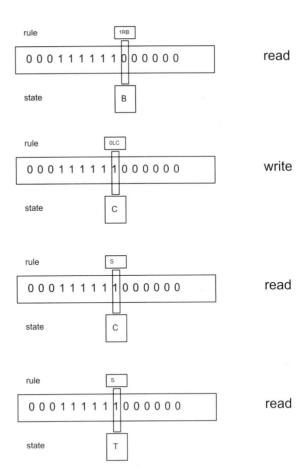

上述算法的原理在于按照一定的顺序对磁带上的 0 或 1 进行操作。在状态为 A 时，在磁带上写 1 来覆盖 0，但是当状态变为 B 时，如果读到 0 就会结束运算。

因此，我们所输入的两个独立的二进制数经计算就会得到一个结果。这就是加法图灵机，如果你想要将磁带上所有的数加起来，最终你就会得到开始时的两个数的和。

哎呀！

```
while (rule != "s" && state != "t") {

digit = item(counter,thetape)

var rulename = state+digit

  var ruleset = eval("form." + state+digit+ ".value")
  var newdigit = item(0,ruleset)



rule = item(1, ruleset)

state = item(2, ruleset)
  thelength = thetape.length



thetape = thetape.substring(0, counter)+ newdigit + thetape.substring(counter +1,
      thelength)
  form.tape.value = thetape
  form.console.value = form.console.value + "state "+ state +" rule "+ rule + " symbol
      "+ digit +"\n"
  if (rule == "R") {counter = counter +1}
  if (rule == "L") {counter = counter -1}
  if (counter < 0) {
    alert("run out of tape")
    break
    }
}
```

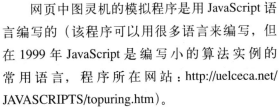

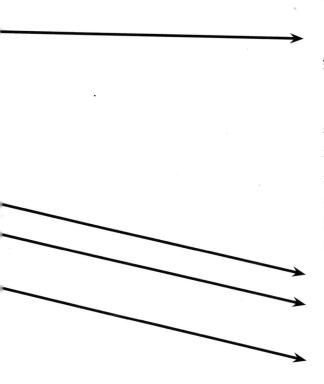

网页中图灵机的模拟程序是用 JavaScript 语言编写的（该程序可以用很多语言来编写，但在 1999 年 JavaScript 是编写小的算法实例的常用语言，程序所在网站：http://uelceca.net/JAVASCRIPTS/topuring.htm）。

我们需要注意以下几点：

1. 规则内容存储在它的内存空间中，其内存空间也是根据其内容建立的：

var ruleset=eval（"form."+state+digit+".value"）

要做到这点就需要对能够根据状态＋符号查得行为规则的查询表进行详尽的程序描述，而现在，正如在 LISP（稍后介绍）中那样，我们可以通过将符号传送给 JAVA 平台中的决策者来使机器做到这些。程序将规则地址名设置为 state+digit 的形式（像 A0 或 B1），然后，命令状态表的数据结构返回地址的内容，此时规则内容就建立了。

2. 磁头的位置受上述 1 中返回的规则控制。

3. 规则的选择是由磁头的位置决定的。

4. 磁带内容的变化会改变规则的执行顺序（改变了计算地址的步骤）

5. 改变规则的序号和内容将会改变磁带的内容。

这就意味着我们不需要针对新的问题去改变机器的整体结构。地址中的值被改变了，地址的序号可以延伸，磁带可以是任意长度，而程序计数器的基本结构、程序寻址方式以及内存依然没有发生变化。

这是 von Neumann 机器（存储程序计算机）发展的一个突破，现在只需要将程序脚本复制到桌面上就可以开始运行。图灵机的巧妙之处就在于我们所看到的基本操作，即由当前指令得到一条新指令的地址。因此，每件东西都可以指向其他任何东西，而且，由于地址中的内容可以被改变，对于程序算法的复杂度就没有了限制。

Douglas Hofstadter 在《Metamagical Themas》书中引用了一个能够无限循环的关于盐包的例子（就像站在两面镜子之间那样）。一位女士拿着一个含有盐包的图片，图片中有位女士拿着一个含有盐包的图片……

有个老人在说"我告诉你一个故事，从前有个老人给一个小姑娘讲故事，说告诉你个故事，从前有个老人……"

递归

为进一步说明程序文本是一种结构描述的有效方式，现在我们探讨递归的机理。我们需要将递归与简单循环以及重复执行相同指令的机器区分开来。你可以用递归形成一个循环，但你也可以做一些更有趣的事情，递归思想是将循环作为其中的一部分。一旦你掌握了递归，循环就显得很平常了。递归算法的例子在生物科学中有很多体现，很多生长型物体就体现了自相似性，例如树木、城市及菊花等。Douglas Hofstadter（1979）对人工智能的权威介绍《Godel Escher Bach》就引用了 M.E.Escher 的关于递归及自调用程序的无限级阶梯的例子。

一个递归函数就是包含自身调用的一系列指令集合。要进行递归运算，你需要应用一种能够用符号代表程序块的语言，因此，递归是一种比简单循环更高层次的结构。递归算法允许自身塑造自我相似的东西，在此过程中生成局部的规则与生成整体的规则是相同的（可能在跨度上有所差异）。

掌握递归的一个困难就在于编写递归代码的方式。例如，在简单循环中那一小段的代码描述得比较浅显，它们和我们所能想到的计算机运行过程比较一致。我们书写其代码如下：

```
start

    do something
    do something
    do something

stop
```

在第一章中用 NetLogo 编写的 ASK 算法有稍微的不同，因为尽管它看上去是在定位一只海龟或一个点，但实际上是在控制所有海龟，只不过是运行在一个看不见的循环中。然而，这并不难理解。我们可以这样简单的想象：

```
start
for each turtle

    do something
    do something
    do something

stop
```

在递归运算中，书面的代码描述并不能明确描述函数运行时的运算过程。例如：

```
to grow

    if needed
    grow

end
```

上述文本只是一个 grow 函数，但它却在函数中调用了自身，因此在 grow 函数运行过程中又包含了 grow 函数的调用运行，并且以此不断往下循环。四次递归运算的代码运行过程如下页所示。

我们可以这样认为，除非我们设置一个结束条件，否则这种自身调用的递归运算将永远进行下去，这种死循环是所有程序员都担心出现的，你只能将运行窗口关掉才能将其停止。

不仅如此，递归还会将其输出结果作为递归运算中下一轮的输入，因此函数会：

1. 接受一个输入；

2. 对输入进行一系列运算；

3. 然后将其传递给相同的函数参与下一轮的过程。

以此往复……

递归算法的历史发展

```
to grow

        if needed grow                          1st recursion

                to grow

                        if needed grow          2nd recursion

                                to grow

                        if needed grow          3rd recursion

                                to grow

                        if needed grow          4th recursion

                        grow

                        endgrow                  这时 need 条件是非
                                                 真的，递归结束，算法
                        endgrow                  回归到最初的调用。

                endgrow

        endgrow

end
```

递归就是一种嵌入——将自身嵌入到自己本身的结构中。递归对于理解嵌套（NESTING）的原理很有帮助。这可以用购物袋的例子来做解释。当你购物结束回到家将东西拿出后，你就会有很多的袋子。

你通常就会将所有的袋子装到一个袋子中，因此你就有了一袋这样的袋子。如果你连续几个周六早上都这样做，你就会有很多袋的袋子，因此你可以将这很多袋的袋子装到一个袋子里，最后就有一袋很多袋里装着袋子的袋子。这就是递归的情形，可以用图形如下描述：

刚开始的位置——一些袋子：

bag bag bag bag bag bag bag bag bag bag

第一层递归，将所有袋子装到一个袋子中：

BAG(bag bag bag bag bag bag)

括号表示装在袋子里面。

第二层递归——很多袋的袋子：

BAG(bag bag bag...) BAG(bag bag bag...) BAG(bag bag bag...)...

第三层递归——将这很多袋的袋子装到一个袋子中：

BAG(BAG(bag bag bag bag bag) BAG(bag bag bag bag)...)...

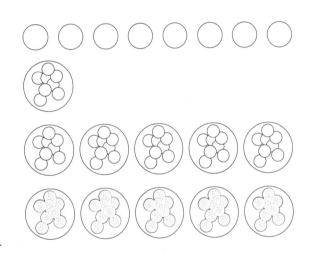

在上述袋子系统中，规则就是如上所示的嵌套（或装袋），单个的袋子在多级嵌套的袋子结构中层次越来越深。

LISP 插件

在下面的文章我们将介绍 LISP 在 AutoCAD 中的应用示例——AutoLISP。这是与 AutoCAD 连接的一个标准插件。下面我们将介绍它的应用。

LISP 的基本操作就是建立名为列表（lists）的字符串，书写格式如下：

(……………………)

LISP 的内核可对列表做两件事情：对表求值和引用表。LISP 可对列表进行运算，例如下面的列表：

(+ 1 2)

它表示：

1. 第一个符号是 LISP 通用库中函数的名字，它表示要进行的运算。

2. 后面的数是该函数的参数。

函数"+"会将后面的参数进行相加直到列表的末尾或者遇到后面的另一个列表。(+ 1 2) 的结果显然是 3，结果会显示在命令行中。这就是求值运算 (+ 1 2) 的结果。

LISP 作为一种古老的语言，应用的是一种很简单的基于堆栈的求值方式。当 LISP 读取文本时，它会将参数储存在一个先进后出的栈中，就像弹簧加载的盘状容器。当读取至表的末尾时，栈被清空，结果被输出。堆栈为存储递归过程中的中间结果保留了余地。

如果我们编写如下代码：

(+ 1 2 (+ 1 2))

我们得到的结果为 6，因为 (+ 1 2) 得 3，因此上述代码就相当于 (+ 1 2 3)。要注意括号的作用。

漫画来自兰德尔·门罗（Randall Munroe）的 xkcd.com 网站

变量

LISP 中最常用的函数是赋值函数：

```
(SETQ var expression)，e.g. (setq a 3)
```

它表示为变量赋值或"避免计算"。这里引入变量的思想，变量只是某些东西的名字而非那些东西本身。如果你在命令行中输入 (+ x y)，你将会得到如下内容：

```
Command: (+ x y)
; error: bad argument type: numberp: nil
```

因为 x 和 y 不是 LISP 库中的关键字，他们不能代表任何数值。要使像 x、y 这种符号能够代表某些值，必须将其代入可计算的列表或符号（即 LISP 中的原子（atoms）），而不是采用自动赋值的方式。

为变量赋值我们可以用一个更具一般性的任务操作——SET，其格式为 (SET 'x 3)，表示 x 是数字 3 的符号表示。其中的单引号（如上面的 'x）是一种引用，意思是"不要相信我，我正在告诉你他所说的"或者不要用 LISP 内核对它求值。在命令行中输入"(x)"将会产生：

```
Command: (x)
; error: no function definition: x
```

下面是当我们用如下两种表达输入时 AutoCAD 的反应（下面的感叹号是 AutoCAD 查询 x 值的方法）：

```
Command: (set 'x 3)
3
Command: (setq x 3)
3
Command: !x
3
```

作为一种古老而又简单的语言，LISP 并没有严格意义上的变量，只是一系列由其他列表构成的列表以及语言的一些基本元素——数字、简单函数，当然还有表处理函数。

LISP 程序设计语言在 AutoCAD 中有着重要的应用，因为三维空间中点的坐标包含三个数字，可以很自然的将其看做一个列表（x，y，z）。实际上其原因也可能是 LISP 语言占内存较少，并且在 20 世纪 70 年代的大学中 LISP 容易学到。现在程序员一般都应用C++，而其他人都使用Basic。由于 LISP 语言能够描述遗传程序的树状函数群，现在 LISP 依然很有用处。由于 LISP 很热衷赋值，它甚至会赋予自己自身产生的数值，也就是说对 LISP 而言程序代码和数据没有差别（但你是不是从没有想过会有这种方法？）。

空间中的点可以被描述为一个列表（0 0 0）或者更准确地说是'（0 0 0），至此当它对这个并不存在的函数"0"求值时，你并不会由 LISP 内核得到任何东西。要将这些引入到一个列表中，我们需要用到下面的函数：

```
(setq p (list 10 25 34))
(car p)  10
(cdr p)  (25 34)
(cadr p) the car of the cdr of p
    (car(cdr p))  25
(caddr p) the car of the cdr of the cdr of p
    (car(cdr(cdr p)))  34
```

上面所有的函数都是基于这两个函数建立的：

(car list)——列表中的第一个字符

(cdr list)——列表中其余的所有字符

要注意，上面的"字符"可以是列表或者原子。

令人庆幸的是，这些繁琐的操作可以用 NTH 及 FOREACH 进行综合。(nth 3 p) 表示给出 p 中第四个元素，并且你可以运行整个列表：

```
(foreach  coord p (print coord))
```

建立海龟语言：介绍一种最值得尊敬的计算机语言

为说明构建电脑所能理解的简单词汇库的思想，下面的文章介绍 AutoCAD 中 LISP 绘图函数的应用。首先，利用 LISP 中的函数定义建立工具可建立词汇库中的主要词汇。在 LISP 中，定义函数是对语言进行扩展的一种方式，以使程序员能够做一些新的事情。在这里，我们要做的就是旋转坐标系并绘制直线。下面的章节内容基于一个简单的递归函数，是利用 EVAL 及递归来生成复杂图形的最佳体现。利用 LISP 函数"command"，我们可以调用一些 AutoCAD 理解的指令，例如：

```
(command "_line" '(0 0 0) '(1 0 0) "")
```

就相当于在命令行中输入 line 并提供起点 0，0，0 与终点 1，0，0。这将从坐标系原点开始画出一条长度为 1 的直线（在当前坐标系中沿着 x 轴）。这也可以用一种新的函数体"f"来完成：

```
(defun f ( )
   (command "_line" '(0 0 0) '(1 0 0) "")
)
```

也可以在命令行中输入（f）来进行调用。

Drawing a line in AutoCAD

我们可以通过多次调用函数 f 来绘制多条直线，但他们的图像会发生覆盖。有很多方法来避免上述情况，这里我们采用这种约定：绘制完一个图形后，我们将坐标系原点移动到上个图形的绘制终点处。这就是我们在之后的练习中会用到的海龟制图模式。移动坐标系可以用 UCS 指令完成：

```
(command "_ucs" "o" '(1 0 0))
```

因此函数形式为：

```
(defun f ( )
(command "_line" '(0 0 0) '(1 0 0)"")
(command "_ucs" "o" '(1 0 0))
)
```

绘制折线

现在我们来做一件有趣的事情，编写一个函数来旋转坐标系以便能够在其他的方向上画线而不仅仅在水平方向。转向可以通过旋转坐标系来实现，因为从海龟的角度来看，坐标系决定了方向的属性。转向之后海龟依然向前移动。

```
(command "_ucs" "z" 90)
```

是表示将坐标系绕着 z 轴旋转 90°（相当于将画直线的方向左转 90°）。如果要右转，则角度为 -90°。这样我们就得到了两个新的函数。

将坐标系左转的函数：

```
(defun l ()
   (command "_ucs" "z" 90)
)
```

将坐标系右转的函数：

```
(defun r ()
   (command "_ucs" "z" -90)
)
```

因此，如果想画一条阶梯，我们可以如下书写代码：

```
(f)(l)(f)(r)(f)(l)(f)(r)(f) ...
```

我们可以将常数 90 及 −90 用一个数值可变的变量代替，以使这个函数更具一般性。

```
(setq ang 90)
```

这将产生一个可以设置数值全局变量 ang，以使所有的函数都能够使用它。

```
(defun r ()
  (command "_ucs" "z" (- ang))
)

(defun l ()
  (command "_ucs" "z"  ang)
)
```

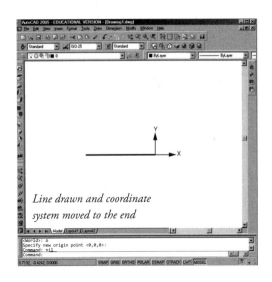

Line drawn and coordinate system moved to the end

这三个函数是海龟绘图解释程序的基础。这为计算机的语言描述提供了一个符号系统。

在这里，系统的运算思想在于"从你的当前位置开始，按照随后的规则运动"。每次移动后都遵循上述的原则，因为有关指令并没有明确说明从哪开始（系统默认就是当前位置），只是描述接下来的动作。

因此，如果转向角度是 90°，这些字符串 F L F L F L F(左转左转左转)会画出一条阶梯形线。要做到这个，我们需输入：

```
(f)(1)(f)(1)(f)(1)(f)
Command: (f)(1)(f)(1)(f)(1)(f)
```

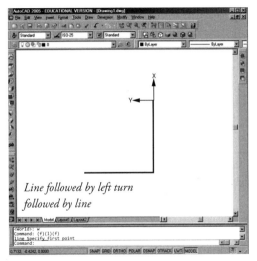

Line followed by left turn followed by line

我们要注意观察用户坐标系（UCS）是如何经旋转在折线转角处自上而下转变方向的。上面的文本是从文本窗口中获得的，它展示了 AutoCAD 是怎样旋转坐标系使线向右转向的。

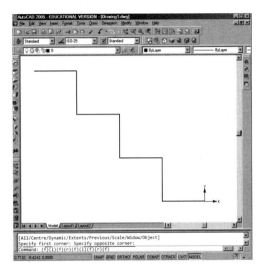

将单词 delicious 添加到对象模型（Axiom）—— tomatoes 之前，看一看这将会产生怎样的影响。应用不同的产生规则……

控制台——下面是算法的演变记录

```
New Rule
  tomatoes
New Rule
  with linguine and basil
New Rule
   with linguine runny with delicious pesto  basil
New Rule
    with linguine yummy and delicious with made of runny and
yummy pasta pesto  basil
```

Number of levels of recursion `5`

Axiom - the initial seed `tomatoes`

production rules replace

this with   this

tomatoes	tomatoes with linguine and basil	Run Machine
and	runny and with delicious pesto	
delicious	y and ymmy pasta and tomatoes	
runny	and delicious tomatoes and pasta	

`Reset fields`

上面是意大利晚餐（Itallian Dinner）Javascript 网络脚本的截图；

右面是五层递归时的输出结果。

Output data
tomatoes
Output data
tomatoes with linguine and basil
Output data
tomatoes with linguine and basil with linguine runny and with delicious pesto basil
Output data
tomatoes with linguine and basil with linguine runny and with delicious pesto basil with linguine yummy and delicious tomatoes and pasta runny and with delicious pesto with made of runny and yummy pasta and tomatoes pesto basil
Output data
tomatoes with linguine and basil with linguine runny and with delicious pesto basil with linguine yummy and delicious tomatoes and pasta runny and with delicious pesto with made of runny and yummy pasta and tomatoes pesto basil with linguine yummy runny and with delicious pesto made of runny and yummy pasta and tomatoes tomatoes with linguine and basil runny and with delicious pesto pasta yummy and delicious tomatoes and pasta runny and with delicious pesto with made of runny and yummy pasta and tomatoes pesto with made of yummy and delicious tomatoes and pasta runny and with delicious pesto yummy pasta runny and with delicious pesto tomatoes with linguine and basil pesto basil
Output data
tomatoes with linguine and basil with linguine runny and with delicious pesto basil with linguine yummy and delicious tomatoes and pasta runny and with delicious pesto with made of runny and yummy pasta and tomatoes pesto basil with linguine yummy runny and with delicious pesto made of runny and yummy pasta and tomatoes tomatoes with linguine and basil runny and with delicious pesto pasta yummy and delicious tomatoes and pasta runny and with delicious pesto with made of runny and yummy pasta and tomatoes pesto with made of yummy and delicious tomatoes and pasta runny and with delicious pesto yummy pasta runny and with delicious pesto tomatoes with linguine and basil pesto basil with linguine yummy yummy and delicious tomatoes and pasta runny and with delicious pesto with made of runny and yummy pasta and tomatoes pesto made of yummy and delicious tomatoes and pasta runny and with delicious pesto yummy pasta runny and with delicious pesto tomatoes with linguine and basil tomatoes with linguine and basil with linguine runny and with delicious pesto basil yummy and delicious tomatoes and pasta runny and with delicious pesto with made of runny and yummy pasta and tomatoes pesto pasta yummy runny and with delicious pesto made of runny and yummy pasta and tomatoes tomatoes with linguine and basil runny and with delicious pesto pasta yummy and delicious tomatoes and pasta runny and with delicious pesto with made of runny and yummy pasta and tomatoes pesto with made of yummy and delicious tomatoes and pasta runny and with delicious pesto yummy pasta runny and with delicious pesto tomatoes with linguine and basil pesto with made of yummy runny and with delicious pesto made of runny and yummy pasta and tomatoes tomatoes with linguine and basil runny and with delicious pesto pasta yummy and delicious tomatoes and pasta runny and with delicious pesto with made of runny and yummy pasta and tomatoes pesto yummy pasta yummy and delicious tomatoes and pasta runny and with delicious pesto with made of runny and yummy pasta and tomatoes pesto tomatoes with linguine and basil with linguine runny and with delicious pesto basil pesto basil

建立翻译程序的重写引擎

意大利晚餐（The Italian Dinner）

在 Douglas Hofstadter 的《Metamagical Themas》（他接替 Martin Gardner 为《科学美国人》写的一个短文概要专栏）中，为基于一个递归替换算法的生成意大利食谱的产生式系统提供了一个有趣且有用的指导。

产生式系统是递归算法的一个例子，也就是说，它们是将之前自己的输出结果作为自身输入的函数。描述一个产生式系统特征的最具一般性的方式就是将它看做一种基于符号处理的形式化语言。它们和形式系统在逻辑上有很多共性，包括：

1. 他们都是从一个对象模型开始，这是形式系统的一个前提。

2. 在形式系统中有一系列可以视作法则的语句。

3. 有一系列将各语句转变为其他语句的替换规则，这也是形式系统的一部分。

在意大利晚餐的案例中，对象模型显然是 toamtoes。你可以从网页（该网页的另一个例子——http://uelceca.net/JAVASCRIPTS/topturing.htm）截图中看到，共有四种替换规则：

左侧		右侧
tomatoes	被替换为	tomatoes with linguine and basil
and	被替换为	runny with delicious pesto
delicious	被替换为	made of runny and yummy pasta and tomatoes
runny	被替换为	yummy and delicious tomatoes and pasta

需要注意的是，在右侧必须至少有一个词与左侧的词匹配。如果没有，产生式系统就不会启动，也就不能扩展生成左侧那些华丽的原料列表。要想将上述产生式系统改变成中国菜单自动生成器，我们可以将对象模型 axiom 的内容改成大米 rice，将左侧内容改成油炸的、鸡蛋、面条、猪肉等；右侧内容改成酱油、鸡等等。

同时要注意的是，当递归建立时生成物以指数形式增长，因为替换的字符串（右侧的内容）一般都比左侧中的长。这个序列是一种虚的褶边形式。

你可能已注意到上述生成的难以捉摸的形式具有一定的重复性。那不仅仅是一系列原料的重复，那些词汇是以稍微不同的脉络出现的——有时候 delicious tomatoes，然后是 pasta and tomatoes pesto，以及 pasta tomatoes：

```
basil with linguine yummy and delicious
tomatoes and pasta runny and with
delicious pesto with made of runny and
yummy pasta and tomatoes pesto basil with
linguine yummy runny and with delicious
pesto made of runny and yummy pasta and
tomatoes
```

在上面的过程中，对象模型 axiom 以一种复杂的方式进行扩展，因为在每次递归过程中之前扩展的原料字符串还会进行再次扩展。

　　下面我们从字符串（F L F L F）开始讨论，字符串(F L F L F)画出的是一个正方形的三条边。一个产生式系统是从对象模型开始的，对象模型是可以被当做扩展过程的启动源。在本例中，对象模型是（F）——画一条线。

```
(setq axiom '(F))
```

　　替换规则为：每当你在字符串中看到 F，都用 F L F L F 来替换。

　　因此，用 F 来描述的替换规则将会生成字符串 F L F L F（不仅是一个袋子而是一袋的袋子）。

　　因此那只是绘制出了一个基本组成单元。而如果我们执行下面的替换规则，将每个 F 都替换成 F L F L F L（不仅仅是一袋的 F 而是一袋很多装着 F 的袋子），我们可以得到：

1 recursion (F L F L F L)

　　再次执行上述替换规则我们会得到：

2 recursions (F L F L F L L F L F L F L L F L F L F L L)

　　第三次替换：

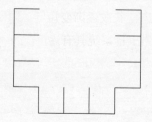

3 recursions (F L F L F L L F L F L F L L F L F L F L L L F L F L L F L F L F L L L F L F L F L L L F L F L F L L F L F L F L L L L F L F L L L)

重新编写画线系统

下面我们通过阐述如何建立字符串重写系统，即产生式系统，来解释这个过程。我们递归地构建某种能够描述具有一定复杂性的物体的文本。

下面的例子是一种 Lindenmayer 系统，或称 L 系统，这是由匈牙利植物学家 Aristid Lindenmayer 首先提出的，他最著名的论著就是《植物的算法魅力》(The Algorithmic Beauty of Plants, 1968)。在这里我们只讨论最简单的类型。在 20 世纪 80 年代期间，他们被扩展应用于塑造分支系统的复杂生成结构。（分支系统将在下章进化算法的背景中讨论，因为我们可以应用遗传程序设计的方式来扩展字符串——一种计算机进化算法，是自修改代码的最佳示例）。

在这个例子中，我们将编写一些能够编写代码的代码，然后用 LISP 的 EVAL 函数去执行新代码来完成绘图。下面我们将考察一个能够扩展生成由简单的 F、L、R 字符组成的绘制语句的特殊产生式系统，而不是像意大利晚餐那样只是扩展原料处方。

有一个简单的词汇组合（F、L、R）是好的，但我们还需要计算机为我们做更多的事情，以能够进行一些比圆或正方形更复杂的实验探究。

符号表示法包括一系列的产生规则，由一个给定输入必定能生成一个输出结果，L 系统是符号表示法的标准表达形式。一般地，产生规则可以是逐渐变长或逐渐变短（也称简化规则）或者两者兼具。L 系统具有逐渐变长的规则，每次执行规则都会产生更长的字符串。

在 L 系统中，替换规则包含两部分——左侧与右侧，可以写为：

LHS>>RHS

规则中的字符就是海龟画线的动作，也就是之前我们用的 R、L、F。

左侧的内容是"要识别的东西"，右侧的内容是对它进行替换的东西。产生规则的一般形式为：

output_list=input_list（LHS>>RHS）

或者

用输入表将所有出现的 LHS 用 RHS 替换。

因此，LHS 就像是袋子示例中的一个袋子，对它出现的替换就像用一个袋子装下很多的袋子。如果右侧中不含有任何左侧的替换内容，字符串就不会发生变化。如果有，下个字符串就会包含更多左侧的内容并引出一连串的长字符串，这也就代表着在 L 系统中逐渐扩增的几何图形。

The output list grows exponentially.

七层递归

七层递归之后

上一页的图片和所有此类产生式系统一样，从最初的对象——三边正方形开始，以某种巧妙方式被转变成一个复杂得多的形体，但是依然含有开始时的三条边。

我们观察到，生成的图形具有很多建筑上的特性，如图中表现单元的重复转弯以及转角衔接，都暗示了一种处理内外方向上变化的方式。如果这些视图具有上述特点，那么它就将建筑本身视为了自相似性的一部分。大的平面图案一般都含有重复且嵌套的单元结构，在尺度间也具有一定的协调性。为使纯粹的图形变为某种更接近实用的方案，将需要一些更多的规则；但是在这里要注意的是，即使一个非常简单的形状也能够生成一个可以塑造具有相当复杂度的建筑体的"涌现"结果。

建立重写规则

然而，这是怎样工作的呢？在意大利晚餐的示例中，我们两列字符串——左侧与右侧的内容，分别表示：

- LHS 即输入表中待识别的内容（这里就是 F）；
- RHS 即输入表中对所有出现的 LHS 进行替换的内容（这里就是 F L F L F）。

还有两个不同的表：

- 输入表（最初的对象模型 AXIOM，这里就是 F）；
- 输出表（替换所有 F 的 FLFLFL）。

我们需要为此定义一个函数，并且能够将输出表反馈到函数中作为输入。

假设当前输入表名为"inprod"，RHS、LHS 名字不变，我们将要生成的新表称为"newp"，对此作如下表述：

- 建一个新表——名为 newp；
- 每次读取一个字符，我们称为 s；
- 对每个 s 进行检查，看它是否是 LHS 的内容；
- 如果是，将 RHS 加到 newp 中；
- 否则仅仅将 s 加到 newp 中。

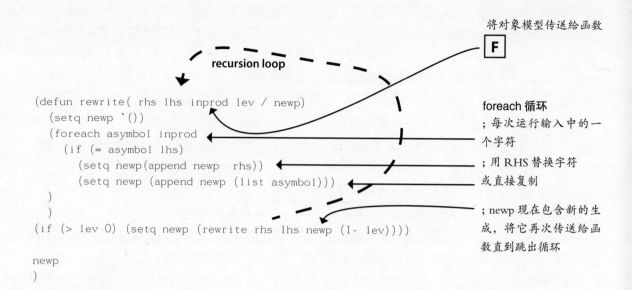

将对象模型传送给函数

F

```lisp
(defun rewrite( rhs lhs inprod lev / newp)
   (setq newp `())
   (foreach asymbol inprod
      (if (= asymbol lhs)
         (setq newp(append newp  rhs))
         (setq newp (append newp (list asymbol)))
      )
   )
(if (> lev 0) (setq newp (rewrite rhs lhs newp (1- lev))))

newp
)
```

recursion loop

foreach 循环
;每次运行输入中的一
个字符

;用 RHS 替换字符
或直接复制

;newp 现在包含新的生
成，将它再次传送给函
数直到跳出循环

三层递归后的记录

Select objects:
Command: no of recursions3
Entering (REWRITE (F L F L F L) F (F) 3)
 Entering (REWRITE (F L F L F L) F (F L F L F L) 2)
  Entering (REWRITE (F L F L F L) F (F L F L F L L F L F L F L L F L F L F L L) 1)
   Entering (REWRITE (F L F L F L) F (F L F L F L L F L F L F L L F L F L F L L L F L F L F L L L F L F L F L L F L F L
FLLFLFLFLLFLFLFLLL) 0)

Result:
   (F L F L F L L F L F L F L L F L F L F L L L F L F L F L L F L F L F L L L F L F L F L L F L F L F L L L F L F L F L L L L
FLFLFLLFLFLFLLLFLFLFLLFLFLFLLLFLFLFLLFLFLFLLLFLFLFLLLL
FLFLFLLFLFLFLLLFLFLFLLFLFLFLLLFLFLFLLFLFLFLLLFLFLFLLLL)
Result:
   (F L F L F L L F L F L F L L F L F L F L L L F L F L F L L F L F L F L L L F L F L F L L F L F L F L L L F L F L F L L L L
FLFLFLLFLFLFLLLFLFLFLLFLFLFLLLFLFLFLLFLFLFLLLFLFLFLLLL
FLFLFLLFLFLFLLFLFLFLLLLFLFLFLLFLFLFLLLFLFLFLLFLFLFLLLL)
Result:
   (F L F L F L L F L F L F L L F L F L F L L L F L F L F L L F L F L F L L L F L F L F L L F L F L F L L L F L F L F L L L L
FLFLFLLFLFLFLLLFLFLFLLFLFLFLLLFLFLFLLFLFLFLLLFLFLFLLLL
FLFLFLLFLFLFLLLFLFLFLLFLFLFLLLFLFLFLLFLFLFLLLFLFLFLLLL)
Result:
   (F L F L F L L L F L F L F L L F L F L F L L L F L F L F L L F L F L F L L L F L F L F L L F L F L F L L L F L F L F L L L L
FLFLFLLFLFLFLLLFLFLFLLFLFLFLLLFLFLFLLFLFLFLLLFLFLFLLLL
FLFLFLLFLFLFLLLFLFLFLLLFLFLFLLLFLFLFLLFLFLFLLLFLFLFLLLL)
```
```

用 AutoLISP 完成上述内容时，我们可以用 foreach 函数来运行输入表。下面的 LISP 语言应该理解为"对表 inprod 中的每个字符"：

```
(foreach asymbol inprod
```

表中的单个字符命名为 s，我们将它与左侧内容进行比较——"s 与 lhs 是否相同，用 Miltonic Lispian 语言就是'是否 =asymbol lsh？'"：

```
(if (= Asymbol  lhs)
  (setq newp(append newp rhs))
  (setq newp (append newp (list
     Asymbol)))
)
```

现在就有两个问题：第一，如果"结果为是"进行什么样的操作；第二，如果"结果为否"进行什么样的操作。

上面描述的只能运行一次。为了运行更多次，我们在函数内部设置循环并使它调用自身。这样就意味着：

1. 每次运行输入表 inprod 中的一个字符：
   • 如果该字符与左侧内容相匹配；
   • 将右侧中的字符串添加到新表中；
   • 否则将该字符添加到新表中。
2. 如果还需要进行递归：
   • 将新表作为新一轮递归的输入；
   • 否则退出函数并返回新表的值。
3. 退出函数并返回新表的值。

后面有对斜体字代码的说明。我们要明白的是递归函数可以调用自身。当计算机程序调用自身的时候会发生什么呢？计算机程序会在内存中占用一块特定的空间，并且相关变量也会占用一块特定空间（由编译器决定）。如果你仅为新的调用分配空间，中间过程中调用产生的即时结果将会丢失（只会存储最后一次递归产生的结果）。因此，我们就需要堆栈，将每次递归调用的即时结果都进行压栈（就像弹簧加载的盘状容器）。这样，每次递归调用都需要存储一组新的参数及函数返回值直到递归停止，之后在弹栈的过程中就会得到完整的结果。

```
(defun F ()
(command "line" '(0 0 0) '(1 0 0) "")
(command "ucs" "o" '(1 0 0))
)


(defun L()
(command "ucs" "Z" (- ang))
)
(defun R ()
(command "ucs" "Z" ang)
)
```

函数 F、L、R 是向左向
右的基本画线函数——基
本的海龟绘图函数

```
(defun rewrite( rhs lhs inprod lev / newp)
(setq newp '())
(foreach s inprod
       (if (= s lhs) (setq newp(append newp  rhs))
(setq newp (append newp (list s)))
)
 )
(if (> lev 0) (setq newp (rewrite rhs lhs newp (1- lev))))
 newp
)
```

重写函数是整个过程的主要
操作，将最初的对象模型不
断扩展。

```
(defun drawit  (thelist)
       (if (> thelist nil)
              (progn
                    (eval   (list(car thelist)))
                    (drawit(cdr thelist))
              )
       )
)
```

画出重写程序生成的扩展结
果的函数。具体见右侧。

```
(defun c:go ( )
 (command "erase" "all" "")
 (setvar "cmdecho" 0)
  (setq rules(list f)
       newrules'()
       p (list 0 0 0)
       count (getint "no of recursions")
       ang 90
       )
(setq  RHS '( f L f l f l)
       LHS 'f
       axiom '(f)
       rules(rewrite RHS LHS axiom count)
       )
 (drawit rules )
(command "zoom" "e")
rules
)
```

主函数。输入所有的代码
后，载入，输入"GO"
就可以运行程序。

上面能够生成无限种递归曲线的程序是非常简洁的。上一页是在 AutoCAD 中生成二维递归定义图案的完整程序。

上一页中的（CAR thelist）表示表中的第一个字符。函数对第一个字符操作后将表中其余的字符（CDR thelist）返回给自身。参见第 67 页。

将字符串转变成绘图。

EVAL 函数在 DRAWIT 函数中被调用。它是在计算重写程序生成的一长串字符时被调用的。并且在其中：

1. 用 CAR 操作字符串中的第一个字符；

2. 将其作为生成新表的开始（list（car the list））；

3. 检查它的值；

4. 将表中其余的字符（除了第一个之外所有的）返回给函数本身（CDR thelist）。

程序中有一条在检查完最后一个字符后停止的语句，也就是说要读取完生成的字符串中的每一个字符；然后将这些字符视作某些函数，例如绘图函数 F、L、R。

我们已经编写了这三个函数（在代码上方），因此将 F、L、R 视作函数就顺理成章了；并且画线时一连串的调用及旋转坐标系的函数是自动发生的。没有潜在的代码来翻译这些指令——整个绘制过程是通过将字符串中的字符一个一个的返回给 EVAL 函数实现的：

```
(eval (list(car thelist)))
```

这就是 EVAL 函数的作用，正如在本章开始关于图灵机的介绍中所提到的，使计算机能够将字符串（根据执行某些指令定义的）当做指令来执行。

通过更改程序中右侧的替换内容，可以生成很多不同的曲线，通过修改 ang 的值，可以生成一系列不同形状的类似曲线。

感知的明确描述

在第二章中我们思考了两个系统相互匹配产生共识域的问题，在其中我们形成了一种假想的认识，那就是我们对计算机所做的其实就是对像素点重新分配以使计算机完成显示。

智能化的人工生命

这一节将讨论具有最原始感知能力的计算机模型，它有助于阐述在客观世界中，计算机的纯粹形体与抽象观察的生成产生相互联系的方式。这种像"边"、"角"之类的观察可以用最简单的计算来描述。实际上，有一种新的空间描述，不是基于我们自己的行为，而是基于机器的工作。就像细胞自动机，L 系统等，本节也需要对观察者准确定义。

建筑正如人们所说的那样（至少 Bill Hillier 说过），就是关于人们所在的空间与形式的创造。问题是，如果没有眼睛像相机那样进行单纯感知、没有大脑作为逻辑机器，我们怎样去观察空间与结构？在《知觉现象学》(Phenomenology of Perception, 1962) 中，Merleau-Ponty 集合了当时 (1945) 有关潜意识感知的心理学、智力理论及哲学思想，并发表了对这种客观存在的感受途径的评论。为此他提出了感知是"外部"与"内部"交互的生成结果的思想；并不是传统概念上的观察者（人）与世界（上帝或者科学所观察的）二者的关系，我们最终形成了一种反身关系，而观察者源于这种关系——世界观察自身，而我们是它的一部分。换另一种方式描述，就是信息通道并不只是"眼睛 > 大脑"，还有"大脑 > 眼睛"；大脑与眼睛之间存在对等的信息交流。现如今这种认知方式已经被广泛接受，并被视为嵌入思维模式，在人工生命项目中有成功的应用。

在之前的章节中，我们已经考察了关于设计本质的多种抽象理念，然而要把握关键点，我们应运用基本的递归、设计的自我创造及设计评论最后的环节——感知。算法的绝对简明将观察者从认识上的迷雾中解放出来，这也是 Merleau-Ponty 致力于研究的方向。

在本节中我们将直觉描述为一种"潜意识的计算"，并专门去观察由某种关于直觉的模型生成的结果。潜意识/直觉的行为是很难想象的，但其中一个很好的例子就是"盲视"(Weiscrantz 和 Cowley, 1999)，一种因为人的大脑视觉皮质（对眼睛及视觉回路起作用的组织）损坏而失去视觉能力的情形。有时候这种人看不到任何东西，就会认为他们是瞎的。但是，如果让他们"猜"屏幕上点的颜色，他们 95% 都会猜对。如果给予足够的鼓励，他们同样就会通过猜测家具的位置成功穿过一个房间。其中的原因就是当他们在意识中认为自己可以看见时，就产生了一个更低层次的视觉辨识；但是因为后脑的损伤他们不知道他们确实能看见，因为他们的意识中并没有形成所见的情景图像。这种人可以通过在实际过程中靠"直觉"、实际中的"模糊的感觉"或是预感，重新学会穿过房间等动作。

本书并没有在每一节都刻意使用"创造/创造性"这个词，作者是通过一些论述间接引入的。然而有趣的是，那些强调设计中的直觉的建筑教育者也认为我们无法得知设计怎样去实现，创造力是无法教授的，只能通过自身去辨识。

　　本章节主要探究了系统结构耦合的思想作为论证直觉参与设计的一种方式。当两个系统结构耦合生成一种设计时，我们可以明确每个系统及其定义方式，但是关键是两个系统之间的内容通常是无法实际描述的。换一种方式说，就是这两个系统生成了一个更高抽象层面的共有系统，这也就是可以用这种模型解释设计是什么的原因所在。

Winograd 设计的 SHRDLU 系统，摘自 Margaret Boden 的《人工智能与自然人》(Artificial Intelligence and Natural Man，MIT 出版社)。SHRDLU 系统是 Winograd 设计的，用源 LISP 语言的 PLANNER 编写而成。

SHRDLU 是以排铸机第二列输入键命名的——当然，全名是 ETAOIN SHRDLU，其字母是以英文字母表的降序方式出现的。

让 Michael Frayn 感到高兴的是，许多报纸都引用了这些词，就像当排铸机操作人员按下按键将一个排印错误传达给打印机（在一台发热的金属机器上是没有复原键的），如果它们没有被发现，就会出现在页面上。

当然，现在我们称之为 QWERTYUIOP（计算机键盘的第三行）。

20   *Conversation with SHRDLU*

FIGURE 6.4
"Does the shortest thing the tallest pyramid supports support anything green?"

Source: Adapted from Terry Winograd. *Procedures as Representations for Data in a Computer Program for Understanding Natural* language. (Ph.D. thesis). (Cambridge, Mass.) AI-TR-17. MIT AI Lab), p.49. Reprinted by permission.

25. *why?*
    The system remembers immediately previous sentences to understand questions like this and the following ones
    TO GET RID OF IT.
    By keeping track of selected parts of the original subgoal tree, the system has some understanding of it's own motives.
26. *why did you do that?*
    TO CLEAN OFF THE RED CUBE
    "That" refers to the action mentioned in the answer.
27. *why did you clear off that cube?*
    Here, "that" means the one just referred to.
    TO PUT IT ON A LARGE GREEN CUBE
28. why did you do that?
    TO STACK UP THE RED CUBE, A LARGE RED BLOCK AND A LARGE GREEN CUBE.

"最高的金字塔上最矮的物体上面是否有绿色的物体？"

嵌入 / 具身思想

　　所有认知的结构（在感知世界中）与组织结构（客观存在的）都依赖于它嵌入的富有视觉刺激与动作的环境，这其中就蕴含着认知的基本理念。这要比通过单纯做来学习更有说服力，其特别之处在于淡化了感知者与被感知者的区别。有趣的是，只有活动的生命形式才会演变为具有大脑 / 潜意识的生命，有一种特殊的生物可以证明这一点，它们会首先开始活动，然后扎根，一旦它们停止运动就会立刻把自己脑髓吃掉（最著名的例子就是海鞘）。

　　在塑造感知行为时（著名的 Terry Winograd 的 SHRDLU 积木世界系统），整个环境的塑造被看做一个逻辑问题，具有一系列固定逻辑步骤的解决方法（将红色的盒子从蓝色的上面拿开？首先将绿色盒子从红色的移开，然后移动红色盒子，然后……）。SHRDLU 系统在这样严格定义的虚拟世界中运行良好，但要扩展它的全部功能还需要为每个新任务进行另一个五年的努力编程。

　　现如今，机器人还没有严格的逻辑规则，但已经被置入一个新的物理环境中并给予它处理问题的机会。因为他们的大脑是神经网络，他们可以逐渐进化自己的行为，成为一个通用的助步车或者起重机等等。迷宫和走迷宫的小老鼠是同等重要的。嵌入的思想就是存在一个丰富的、供生成智能产生的环境；具身思想就是人们具有一系列良好的感知机制来与环境进行联系。总的来说，结果的复杂性（机器人操控得多么出色，一个设计与它的目的契合得多么紧密）并不取决于它的内部线路，而是它的环境的复杂性与它的感知机制产生的交互复杂性。从上述性质中可以得知，我们应该从环境其他部分的复杂性出发，调整我们的设计，而不是每次都设计一个新的分支系统。

向光机器人

生成共识域的一个很好的例子就是某些简单的感知机器。下面的描述是东伦敦大学的 Pablo Miranda Carranza 在 1999—2000 年期间进行的一系列实验。首先，建立一个海龟，这个海龟是基于某些昆虫向光的反射行为建立的，也就是所谓的"向光性"。在这种机制中，昆虫的运动机能交替呈现释放与抑制，这取决于它们接受强烈阳光的方向，这样就能够使昆虫向着光源移动。这样的自动装置包含两个光传感器，每个传感器都连着一个接收装置和两个电动马达（每侧一个）。该装置由两个完全独立的反应器（传感器—马达—组件）组成。该自动装置展示了关于其各部分结构的两种不同行为，尤其是光传感器相对于其他组成部分的位置变化；并且使机器以不同的路径在矩形区域内移动：有时候会碰到边缘，有时会穿行于整个表面，还有时候会停在角落处。虽然与计算相关的操作都是基础的，但这些操作的综合可以让我们体会到关于相当大的、复杂性的原理，例如抽象的计算。

因此，当感光机器人在一片白纸上绕着边缘移动，并在纸上会留下移动轨迹时，我们可以将机器人在纸上移动时画出的轨迹看做光传感器与

所建立的系统是一种被广泛应用来自 Lego 的设计例子，使用 NetLogo 语言编程。Pablo Miranda 的机器人利用地上的黑色和白色区域来进行动作实验。

机器人机体相互耦合的结果。如果机器人能够一直待在白色的纸上，机器人这两部分之间的耦合是成功的，在纸上画出的轨迹就是机器人对边缘的"理解"（也就是问题空间中设置的成功轨迹）。你可以通过改变传感器的位置，或者轮子，或者它们之间的线路来改变移动痕迹，这样结果就会是或多或少有效的、松散或紧凑的曲线。

Gray Walter——"模拟生命"

1948 年 W. Gray Walter 的第一批机器人"Elmer 和 Elsie"（他在一篇题为"The Imitation of Life"的论文中用拉丁语给 M. Speculatrix 起的名字——间接参考了 St Thomas Aquinas）配置有两个重要热电子装置，一个是动作传感器，一个是感光元件。它们总是朝光的方向运动，但是会远离他们碰到的物体（和发光的灯），它们也会记录电池的充电情况，当停止充电时，其向光性就会相对增强，引导它们返回充电器（充电器上面有一个光源）。他是这样记录这种含有简单反馈循环的"智能"行为的生成结果的（引自《The Imitation of Life》，1950）：

> "如果只有一个光源，机器会绕着光源形成一个包含前进或后退的复杂路径；如果在远处有另一个光源，机器会先围绕第一个光源然后移向第二个光源，并持续在两者间往返绕行。这种方式就解决了布里丹之驴效应（Buridan's ass）的难题，关于布里丹之驴，心理学者们认为如果没有其他信息改变驴的意愿，那头驴就会饿死。"

对于静止的光源，该机器人会根据计算推理作出行为表现，而 Walter 同时也进行了移动光源的实验，他在 Elmer 和 Elsie 的外壳上各放了两个蜡烛。这样，每个机器人都追踪一个移动光源，

并且二者形成了一个紧密相连的反馈循环，二者还会相互影响。

Walter 观察到：

> "二者面对面相遇时会表现出相似又独特的行为。每个机器人被另一个机器人携带的光源所吸引，并屏蔽掉自身携带光源的吸引，因此两个系统间发生相互振荡，最终会后退。"

正如他所写的：

> "虽然它们的系统很粗糙，但它们用一种特殊的方式展现了无目的性、独立性与自发性。"

在这里，当我们观察机器人时就出现了两个层面——人认为自己观察到的过程与机器人认为正在进行的过程（说得学术一些，就是程序指示它们做的事情）。观察携带蜡烛的机器人时，Gray Walter 认为它们在以一种复杂的方式运动，并且有某种寻找食物 / 光源之外的目的性。然而，Elmer 和 Elsie 只是像平常一样在做相同的事情；它们的程序并没有改变，因此作为光的观察者，它们也没有改变。

Walter 证明了一些当时还没有人能证实的东西，在此，目的性行为的表现是完全可以解释的，因为他已经建立了这种机器——他了解每一个电子元件的工作。Walter 定义出系统的所有组成成分，从外在现象到代码 / 硬件 / 实体的完整的工程链，在此之前这是不可能的。

当然，我们也是这种观察等级体系的一部分，有趣的是，会发现我们作为观察者，通常需要利用某种技术或智能去观察一些我们不能轻易观察到的内部状态。

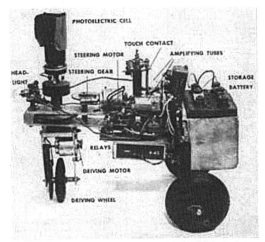

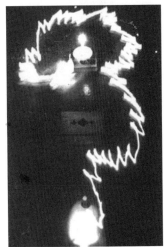

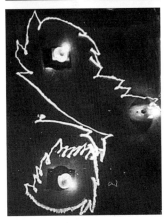

Walter 拍摄的 Elmer 和 Elsie 的照片——为纪念这位先驱，它们和其他的一些照片存放在位于布里斯托尔的西英格兰大学的 Walter 档案中。Elmer 和 Elsie 取自 1930 年一个流行乐团的名字。

雨后的蜘蛛网，Montauban，2007 年

插算：由蜘蛛联想到机器

一只蜘蛛的行为完全可以用越来越发达的神经网络学和机器人学进行解释，这其中反映了对自然世界的一种比喻——人工生命。我认为这与Elmer和Elsie的活动相反，Walter的实验是由机器中的活动联想机器在客观世界中的活动。与Walter观察到的由两个简单机器耦合生成的"生命形式"不同，这是一个观察活的"类似机器"行为的示例。

"当我到渡轮的车库中取车时，我注意到在航程中，一只大蜘蛛在管道、甲板边缘及汽车天线之间织起了一个网。在进入汽车时，蜘蛛网被弄破了，其中的规则的正多边形失去了顶点。因此，紧密的网被破坏了，有一半在空中松弛地摇摆。"

这时，人们通常会将车开走，并不会想什么，但是我在那等了很长时间……

我打开车顶天窗盯着上面。有时候蜘蛛会出现，并看起来很兴奋，大概是因为它认为他的晚餐时间到了，但最终它失望了，因为没有食物，只看到网的毁坏。他似乎只能对蜘蛛网进行修补，但我没有给它机会。看着四处爬动的蜘蛛，我由此想到了迷宫机器人随机移动，却仍然能找到迷宫出口。这样的人工生命并不总能有效地移动，但总的来说有效的移动多于无效的移动。有感知的生物永远都想避免犯错误；蜘蛛大多时候的工作就像是一个人在暴风雨中摇曳的船上试图将货物牢牢缚住。

最终很可能会有一系列特定的动作。蜘蛛会经常经过一些主要的支撑点，并试图很快地修复蜘蛛网（如果我将这段拉过来，蜘蛛网会缠在一起），但并没有发生太多的事情。然后，经过一段时间后他会开始建立一种有支架的网络，将危险的部分悬挂起来，将它们粘连成较坚实的网络。最终它成功地修复了蛛网，虽然与原来的网相比，看上去比较畸形。

一个机器做到这些会有多复杂呢？答案当然是和蜘蛛修复蜘蛛网一样复杂。他经历了3亿8千万年的进化时间。

当我们开车离开时可能会毁坏蜘蛛网。

但是一只蜘蛛只是具有自我复制能力的机器的工作量的十亿分之一，因此这是没问题的。

（在一个渡轮车库中的观察，2000年新年，从邓莱里到米尔福德港的途中）

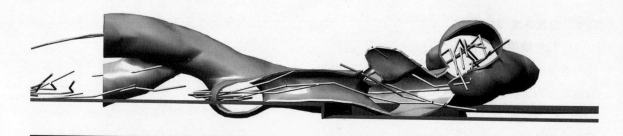

用等值曲面包裹的轨迹曲线（Miranda，Swarm Intelligence，2000）

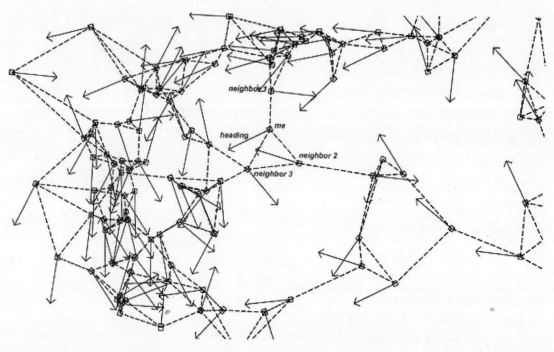

群体行为的轨迹图（Miranda，Swarm Intelligence，2000）

群：具身化与结构描述

怎样才能将嵌入/具身的感知者与生成共识域的思想应用到建筑设计理念中呢？一种方式就是建立一些简单的具身感知者，并在环境中将其释放。

因此，利用 Craig Reynold 的集群算法就可以在 Virtuo 软件中复制前面描述的感知－动作实验，在 Craig Reynold 的集群算法中，有一群栖息在模拟出的泰晤士河边环境的"boids"（用新泽西口音读出的"birds"——美国人的玩笑）。现在我们有一个群系统，随着这些"boids"在他们所处环境中的飞行路径的改变而产生结构耦合。这个群包含许多的个体，这些个体之间通常会有某种联系——其都运动在其他个体的后面——当这群"boids"不断聚集、散开时，就展现了生成结构。这个形成的群没有结构或行为的控制，并不能从通过编程直接控制每个个体的行为，而是由所有"boids"的同时动作形成的。每个"boid"的环境中都包含其他"boids"，在此这种生成行为将会以某种形式出现，但是如果这个群是在一个含有几何体的环境中，规避障碍时就会影响该个体的运动轨迹，反过来，这也会影响其他"boids"的运动。这样，这些几何体就会扰乱这个群，就会形成一个与没有扰乱时不同的整体结构。

算法

每个个体代理程序都能了解到整个情景的几何描述，但只对它周围一小圈区域作出反应。这个基本的集群模型包含三种简单的指导行为：

- 分散——赋予每个个体与其相邻个体保持一定距离的能力。这可以防止个体的紧密聚集，让其分散到较广的区域中。为计算分散的行为方式，首先要寻找特定邻域内的其他个体。对附近的每一个个体，根据两个体之间的距离计算出排

斥力的大小，使个体所受的合力达到一个标准值。附近个体所施加的排斥力共同作用产生一个整体作用力。

- 聚集——赋予每个个体与其他邻近个体保持紧凑（构成一个群体）的能力。可以通过寻找某个体邻域内的所有个体并计算该个体与他们的平均距离来操作群内的聚集行为。聚集力就会被施加在位于平均距离处的个体的方向上。

- 排布——赋予每个个体排布与其他个体相对的自身位置的能力。可以通过寻找某个体邻域内的所有个体，并计算邻域内个体向心力的平均值来计算自己的排布行为。这种操控是针对个体的转向，因此与邻域内的其他个体有关。

障碍规避

此外，上述行为模型包含预见性的障碍规避。通过躲避静止的物体，障碍规避可以使个体穿过仿真环境。这种行为的实施可适应任意形状的物体，并使个体可以近距离地通过障碍表面。个体通过探测点来检测他们面前的空间。

结果

在这个实验中，作为触碰检测（逐渐调整个体的移动方向直到它找到一个合理的轨道）算法的运行结果，每个个体都与几何体表面建立了某种和谐的关系。最终在环境中生成了"最平滑"的轨迹，就像地点检测模型中在 Lea 河边的漫步。这种群能够区别一条非常长的曲线边缘（也就是河的几何外形）与一些其他的信息，例如建筑物、建筑群或基础设施。

第一个实验在自动并行计算的定义，对群的集体行为的研究以及它"描述"结构的能力上都很有趣。实验的关键在于，"boids"能够以任何

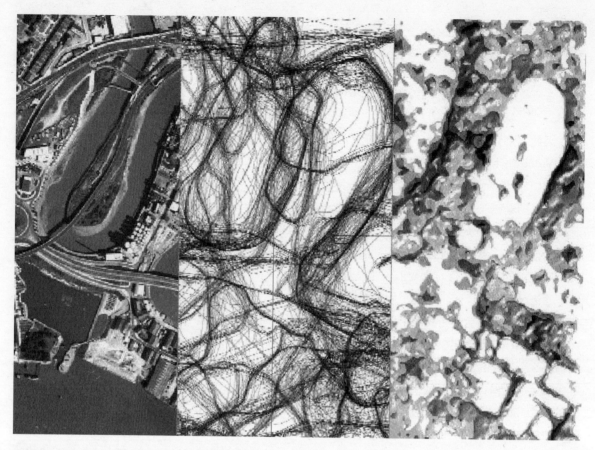

the Lea Valley 代理（Miranda, Swarm Intelligence, 2000）

形式形成图案，但我们所看到的是被地点模型和集体行为具有的在所处环境中"寻找"长的曲边时生成未预定结果的现象所干扰的结果。

为什么模型中的代理 / boids 能够描述河而不能描述建筑物？有两个可能的原因：

- 分析——群的感知能力太粗糙，没有足够的时间"发现"建筑物然后做出相应的反应。

- 几何形状——可能曲线（动态的——因为描述的是一条河）更容易识别，因为它的组成结构赋予了他内在的更具可读性的描述。

第一章我们引入了分布式表达，第二章我们提出了观察者的不同层面。为了理解现实实验的基础，我们提出一个更深层次且更有趣的问题——"什么是结构？""什么是空间？"上面所述的知识是考察怎样利用蕴涵具身化思想的模型来生成空间与结构，而不是直接搭配。最后我们明确了观察者的地位，了解了观察者的等级划分，正如在前面所述的细胞自动机中从局部到整体的观察者的并行顺序。

第四章
进化程序——减少人的工作

在过去的 50 年中，写代码的人始终在致力于减少工作的研究。对特殊问题通用解决的发展导致了可多次使用的代码库的出现，这样就再也不需要从头编写一个窗口或者费尽心力地翻译某些程序——某些人在某个地方已经完成了这些工作，你只需要拿过来用就可以了。计算机的历史是从难以理解的、冗长的机器代码到像 JAVA 这样的可移植语言不断发展的，机器代码对每个新机器必须重新编写程序，而可移植语言可以在虚拟计算机上运行。我们应该理解这与软件设计的本质不同，软件设计是对特定的要求编写代码，然后使编写的程序能够组合平衡。

但有一个可能会引起那些懒惰的程序员兴趣的问题，如果我们能够使计算机为我们编写代码会怎样呢——这样我们只需要编写一个能够编写并优化程序的程序，然后我们就可以都回去睡觉了！

这种方法被称为遗传编程（GP），它是由进化算法发展而来的。因此，在讨论遗传编程之前，我们有必要先了解一下进化算法的基本原理。

上一章对 L 系统的介绍是为了展示抽象的下一个层面，在其中代码是由语法变化生成的而不是手写的。这体现了简单生成实验中所没有的符号表示法思想，由作为标准语言结构一部分的一系列自动定义的法则（辅助定理）诱导出实验结果。我们首先用一个简单形态的遗传算法来讨论进化算法的一般机制，然后以此解释遗传编程的标准系统中各种概念的交叉、突变和繁殖。

形态学的进化算法

我们下面将讨论对简单的进化算法编程来优化基本几何问题的方法。它涵盖了通常任务的主要元素，并且可以被当做其他进化算法的样板。这个例子首先体现了人工选择在目标自动优化的作用，另外体现了人工选择的作用，用户根据目测来选择最优的目标。从这个例子中，我们可以体会到机器学习（Machine Learning）的概念，在其中程序逐渐修改设计来匹配适应度函数。适应度函数（在这里也就是目标函数）是明确的，整个过程是封闭的，整个学习过程是由机器引导并在机器上实现的。适应度函数是由用户定义的，那么机器学习过程应该包含用户操作，这样，反馈循环就扩展到了机器之外，经由人的大脑（选择最优目标）并返回机器。在这种方式中，机器和用户相辅相成，机器为用户呈现出他所没想到的一些示例，用户根据之前的选择来遍历检索空间。与这样的学习机器进行人机交流给人的感觉是很奇特的，因为虽然你没有讲出来，但计算机还是在根据你的优先选择不断调整自己（例如人工选择中的"spikeyness"）。这种机制在遗传编程中也有介绍，其中讨论的建筑对象要更复杂。

在编写进化算法之前我们主要的工作就是确定怎样在计算机中描述几何图形的演变过程。编写怎样的程序来生成结构，这些程序都需要哪些参量？这些都具有胚胎学或形体结构（Body Plan）的特点，也就是包括构造方法与其各种参数的全部。

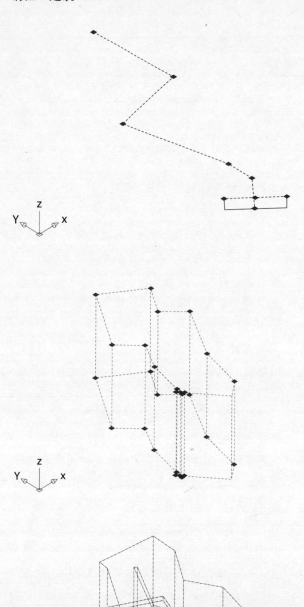

含有 6 个顶点的多叉线及其正视图

两条多叉线，每条 6 个顶点 =12 参数
长方形的长与宽 =2 个参数

整个长方形一周的所有参数为 12+2=14

共形成四个类似这样的长方形

14×4=56

形体结构的构造过程

对于相同的参数，两种不同的构造方法会得到两个不同的结果。在这些简单的例子中，胚胎并不会发生进化，它是系统之外的并不会发生改变。在下面的遗传程序设计例子中，形体构造在一定程度上是会参与选择过程的，尤其是在 Helen Jackson 利用 L 系统生成结构的例子（Jackson 和 Coate，1999）中。在 1988 年，Richard Dawkins 在他的论文"The Evolution of Evolvability"中提出了形体构造重要性的几个主要方面。一个进化算法必须具有以下两个方面：

1. 发展过程——基因代码形成表现型的描述方式。在这里表现型就是一系列由四条多义线拉伸构成的三维形体，例如上一页的图例。

2. 遗传过程——进化过程中的基因代码演变过程。在此基因型是指描述 56 个参数的字符串——共 4 组，每组 14 个数，用来描述 4 条多义线的参数（下面会进行解释）。这些共同建立起遗传的物质——染色体。

尽管处在不同的层面，这类东西在自然界中也具有进化能力。在抽象最高层面的是 DNA 的基本结构，包含四种字母表示的代码 A C G T。尽管在理论上可以设想生命形式都是由一些不同的基本原子和化学物质组成的，但这种生命形式至今还没有被发现，人们普遍认为所有的进化都是从一个最原始的细胞开始的。在人工进化过程中，我们可以选择代码方案来适应要解决的问题。

关于形体构造的编程——多段线例子

上面多义线的例子是前段时间由硕士研究生做的。我们很欣赏它是因为它展示了建筑的一种特性；而且它的编程是相当简单、很容易做到的。要对其编程需要做下面的工作：

1. 定义一个包含 6 个顶点的多义线形状；
2. 定义多义线正视图的长和宽；
3. 进行四次同样的操作。

选择完基因型和表现型方案后，每个参数必须被转换成为一串二进制数。因此，我们最后会得到 56 个待编码的数据段。我们将每一段称之为一个"字"。

一个字就是代表一个参数的二进制数串。参数就是我们用来建立模型的数值。在此例中，每个字有五个二进制数的长度，因此基因总的长度为 $56 \times 5 = 280$ bit。

构建基因组并解码其参数——在此例中就是多义线一连串的顶点数值。

对图形进行解码，将 8 位二进制数（1byte）转换为一个十进制数（整数）。

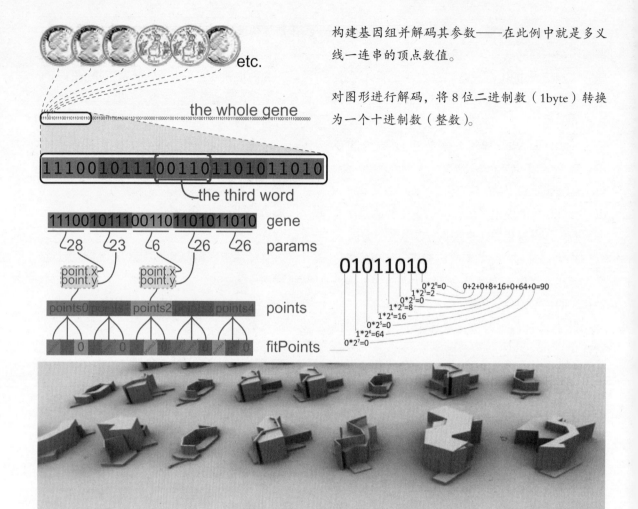

由 56 个单独的参数最初生成初始群的表现型——前排

下一步就是通过生成很多含 280 个二进制数的字符串建立包含许多生成结构的初始群，就如同将一枚硬币扔 280 次来看正反面——1 或 0。这些二进制串可以解码成 56 个十进制数，这 56 个数就是绘制初始群中每个生成结构的参数。生成的初始群包含许多密度、弯折方向、高度等特征不同的结构。下面是相关伪代码（不是一种真正的计算机语言）：

```
to make a gene

  gene = empty

  For each character in the gene

  random = a random number between 0 an 1

  If random is less than 0.5 then
    put "1" into gene
  Else
    put "0" into gene
  End If

  next character

End make a gene
```

适应度函数

这些初始群建立之后，我们就应该开始检测每个参数的作用效果。当然，最开始它们的作用效果会非常差。我们最后需要做的就是适应度函数，这也是最难设计的。适应度函数如果太严格就会导致遗传算法得不到结果，如果太宽松遗传算法就很难选择出最佳结果。在这种情况下，适应度函数就会倾向体积较大但底面积较小的结构（如同开发者的曼哈顿函数），就像在城市中竞标出租那样。因此，我们需要一个正加权（对体积）和一个负加权（对最大底面积）。

然而，通过简单地比较体积和底面积的相对大小来进行评价是不合适的，因为这样计算机运行不出我们想要的结果（或者更确切地说，它会按照适应度函数的字面意思运行）。如果只是优先选择具有一定体积且底面积相对较小的结构，结果就会是底面积较大但体积也相对较大的结构比某些体积较大但底面积较小的结构评价要高，因此，适应度函数需要包含相应的加权：

适应度 = 体积 × 正加权因子 − 底面积 × 负加权因子

正评价值 = 个体的底面积 × 10
负评价值 = 个体的体积 × 1

个体的适应度 = 正评价值 − 负评价值

这样就是将底面积作为负评价因素，将体积作为正评价因素。可以通过调节两个加权因子的值来达到我们需要的比例。在这里正加权因子的值是 1，负加权因子的值是 10。

11100101110011011101011010

10101000100100100010010010

取一对父代基因型

11100101110011011101011010

10101000100100100010010010

在基因型的序列中随机选择一个点

1110010111001   101101011010

1010100010010   010010010010

将两基因型都分成两段，并相互交换

1110010111001   010010010010

1010100010010   101101011010

将交换后的基因段重新连接构成两个新的基因型

11100101110010100100010010

10101000100101011101011010

Goldberg 的权重轮盘——圆盘中不同的颜色块的面积代表每个个体的适应度大小。

11100101110011011101011010
▲

在基因型中随机选择一个点

11100101100011011101011010
▲

翻转这个点，如果是 1 就变成 0，如果是 0 就变成 1。

Goldberg 的权重轮盘

既然我们生成了待评价的初始群并且初始群中每种表现型都有一个分数，我们现在就应该选择初始群中满足要求的表现型作为进化的原型。或者说，我们需要选择最适合的基因型将它们传给下一代生成结构。然而，特别是在最初的一些生成中，分数最高的那个个体也可能是非常差的（在盲人的国度里，能看见的那个人就是国王），因此 David Goldberg 设计了一种加权轮盘，高分的个体在择优时容易被选中，其他个体也还有其他被选中的机会。

上一页的图例体现了这种思想。圆盘中不同颜色块的面积代表每个个体的适应度大小，它们是各不相同的（如果是一个正常的轮盘）。小球落在各个颜色块内的几率与各颜色块的面积成正比。我们需要为每对父代基因型转两次轮盘，该对父代基因会通过交叉操作相互混合。

交叉

虽然 John Holland（一位遗传算法的先驱）发表了很多论文来解释为什么交叉操作能够起作用，但实际上它被采用只是因为它发生在自然界中，并且在自然界中起到了作用。它的机制是非常简单的，两条染色体头尾相齐的排列在一起，然后从一个形同的位置分成两段。两条染色体都分成前后两段后，相互交换后面的段，之后每条染色体的前段均与另一条染色体的后段连接在一起。

关键的问题是，因为形态生长过程的参数被编码为二进制数并且被连成了一个连续的串，交叉点通常是在基因型（或字）的中间，因此会产生一个与原始数据不同的数。如果参数值没有被编码为二进制形式，只是 14 个原始的十进制数，那么我们做的只是改变了这些数的顺序。而将参数被编码为二进制数的做法不仅改变了数的顺序，而且产生了新的数。

突变

染色体在进行复制的时候发生错误的几率是极小的，就是将 0 替换为 1，将 1 替换为 0，这是小孩子都可以做到的事情。这样就可以考虑到更多的变化，包括为了避免太早制定最优的结果，同样因为达尔文曾说随机变异也是进化的一部分。

进化

当权重轮盘转过 8 次之后我们会有一个新的生成群，而它的参数又会继续经历绘制、检测、选择的过程直到完成所有参数的生成。

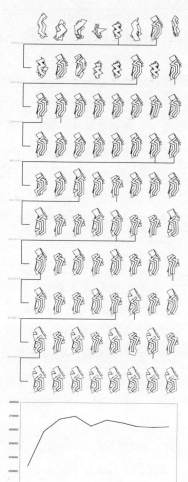

适应度函数的两次不同运行

适应度 = 体积 − （底面积 × 10）

第一行——初始群。在生成过程中，群的所有个体的适应度之和逐渐增大，开始增长的较快，然后在一个稳定值附近上下浮动。群中的个体很快都趋向于同一种结构，也就是说基因型的多样性有所下降。这两次运行说明，开始时的适应度不同，生成的结果就会不同（左侧的适应度变化一直跟不上右侧）。

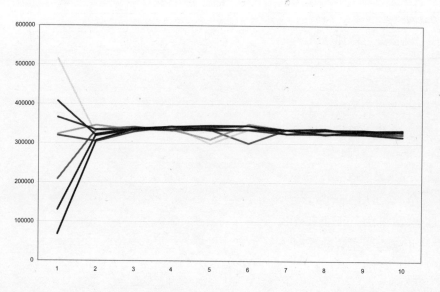

将 8 个个体的适应度变化曲线呈现在一个坐标系中，如左图所示。交叉操作导致群内的基因型趋向同质化，最后都趋向一个低于初始群中最高适应度的共同的适应度。

自然选择与人工选择

自然选择是一个纯粹的自动过程，由适应度函数产生建筑决策，在轮盘例子中这是很简单的。我们用程序代码来描述设计者的意图，并使设计进行拓展和演变，当然还有思考怎样生成更有意义的形体构造。进化算法的基本理念就是将设计视为一个在检索空间中的搜索过程，这个检索空间就是通过参数组合形成的结构群。本例中共有56个参数，有人可能会说检索空间包括56个数字的所有排列组合，这是一个很庞大的数目，然而，由于每个数都可以经交叉发生突变，所以检索空间包含的数实际上能达到54×5=270。现在270的阶乘（270！）绝对是一个巨大的数字（实际上56的阶乘等于7.109985878048632e+74，约等于7.1乘以10的74次方），在此，270的阶乘就相当于正无穷了。即使我们严格限制可能交换或合并的数目，用现有的计算机完成对检索空间的枚举将花费比宇宙历史还要长的时间。我们需要对进化算法所做的主要调整就是通过驱逐"可能的怪物（Dawkins用的称呼）"和丢弃那些原本就不可能的组合来降低搜索空间所需的时间。发人深省的是在过去数十亿年的过程中，有多少生物在进化过程中被淘汰，而从我们的角度讲，我们是十分幸运的，我们是幸存者中的幸存者中的幸存者……

形体构造的最初选择对在有限时间内进化得到有效结果的过程有较大的影响，实际上，有效的形体构造既是一种设计决策的过程，也含有传统手稿方式设计的特点。

由恰当的形体构造方法和适应度函数我们可以（几乎）很快得到一个特定的含有一定生成数量的设计，在本例中得到了近10种的生成。从进化的初始群到最后较少数量的生成，当被淘汰的个体被从基因型中移除，基因型的多样性就会减少。但你可以从很多不同的初始群开始多次运行这个过程，而且作为观察者的用户与计算机之间的这种交互是"计算机辅助设计"的一个典型例子。

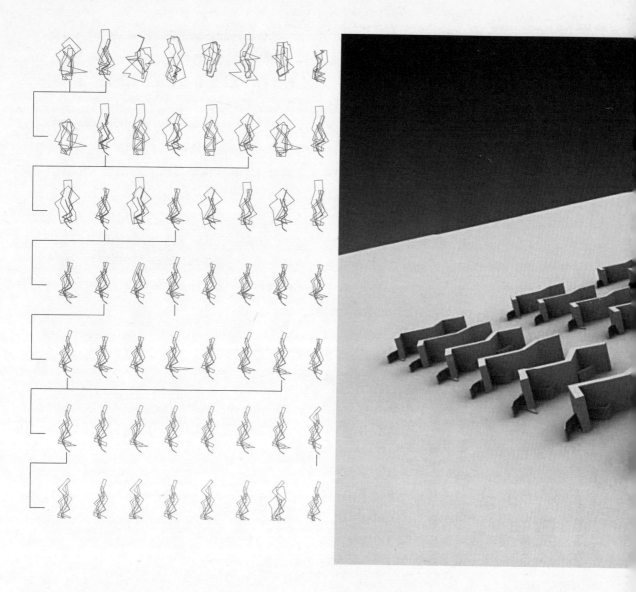

人工选择的过程——被选中的待进化个体在左侧的图中进行了标注。第一行是初始群，下面是进化过程中的生成。第一行的初始群包含很多种的表现型，之后就会根据前面所讲的底面积／体积公式进行自然选择。上面这些组同等数量的图片详细体现了在选择过程中生成的形态，展现了从随机产生的初始群开始演变的结构群的变化形式。到最后一代时，群中结构的差异就很小了——对于这种独特的发展类型，我们就像是在观察一种差异细微的设计过程。

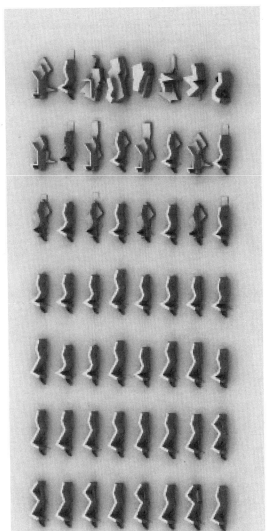

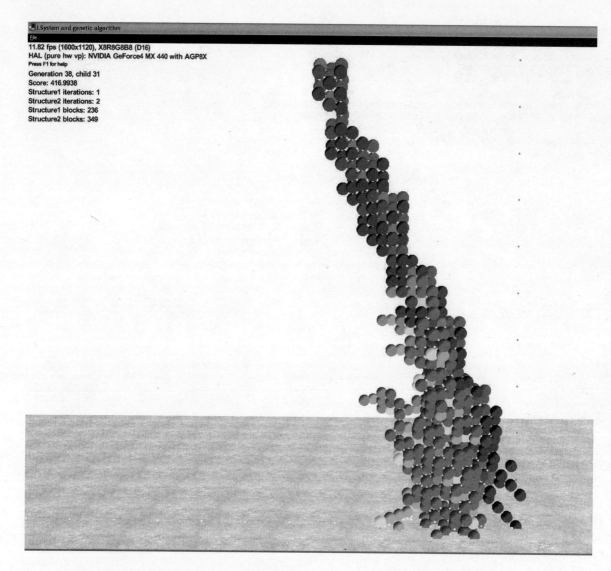

共同进化的 GP L 系统结构——由两个系统共同生成，两个系统的适应度函数通过 Galasyn 设计的一种负荷模型相辅相成。该图片是经由 Jim Galasyn 同意后复印的。

进化的对象

这种算法的最大缺点就是，尽管擅长探索参数定义的设计空间，但它们的生成不能超出设计空间的范围。例如，遗传算法可以被应用于设计船体，生成最小阻力的适应度函数和曲率参数，但是这样的算法绝对无法生成双体船的结构。

扩展探索空间不仅仅要增加形态进化程序的参数，还需要重新编写程序。这时候就有必要引入遗传编程（GP）了，因为在 GP 中程序形态进化程序实际上是由一系列更低层次的函数定义的，在进化过程中可以通过将这些函数重新排列产生新的程序。

遗传编程

遗传编程（Koza，1992）是将进化规划（例如，遗传算法、分类器系统和模拟退火算法）的原理应用于程序进化的一种方法。Koza 的贡献就在于他提出，遗传物质（基因型）除了可以被描述为代码串，也可以被描述为嵌套函数组成的树形分支结构。在原来的例子中，函数是算术和数学的，而且基因型是用数值来表示的。

这些例子是上一章所讲的 LISP 的 L 系统的进一步发展。在 L 系统部分，我们讨论了用 LISP 语言编程，通过用更长的字符串替换相应符号来递归地扩展代码，生成另外一系列指令的方式，其中扩展生成的字符串也就是 L 系统中一连串的绘图函数名称（一段文本）。

如果我们将这种代码的简单执行视为一阶操作（TEXT > OUTPUT），那么 L 系统就可以被视为二阶操作（TEXT > OUTPUT > TEXT > OUTPUT）。在 GP 中，存在三阶操作：

1. 像标准 L 系统那样工作的遗传算法程序文本，生成能够产生表现型的代码。

2. 但是与上面介绍的简单遗传算法不同，它还可以在选择过程中修改代码，以使形体构造和进化过程随着程序运行不断变化。

3. 进化过程的输出，即一些可以用于创建表现型的参数值，这也是在过程中经进化产生的。

在这种进化方式中，对于一个特定的形体构造问题（像第 103 页的多义线例子），其进化过程就不只是检索生成的设计空间了，而是从最初形体构造的基本组成部分检索整个形体构造的所有空间。

下面是一个基础的分支系统：

```
(f (p- y+ f)(p+ y- f)(r+ y+ f)(r- y- f))
      1         2        3         4
```

这表示绘制分支结构 f)

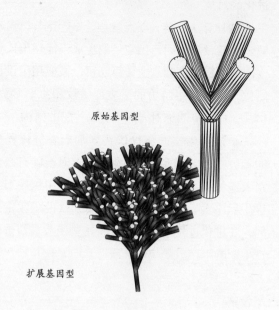

原始基因型

扩展基因型

上面标记的四个括号定义了坐标系的旋转方式，从左向右依次绘制出四个分支。经过三代对大的树型结构的选择，代码变为：

```
(F (P- Y+ F) (F (P- Y+ F) (F (F (P- Y+ F)
(P+ Y- F) (R+ Y+ F) (R- Y- F)) (P+ Y- F)
(R+ Y+ F) (R- Y- F)) (R+ Y+ F) (R- Y- F))
(R+ Y+ F) (R- Y-F))
```

最初的基因型与扩展后的基因型

在 GP 系统中，上面的字符串表示的是一系列嵌套函数，每个括号表示一个独立的子树。左图中的圆圈表示括号中的第一个字符，方形中的内容是括号中所有其余的字符。

下面是经历四代人工选择的过程。

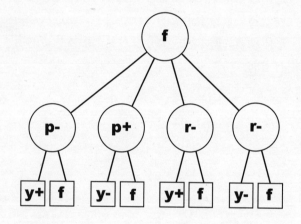

遗传编程中的交叉和突变—— 一个三维分支L系统

我们在上一章对L系统做了介绍。上一章的例子是一个在二维空间中以简单的方式连续画线的L系统。为了引入GP的思想（进化一个绘制基因型的程序文本），我们将其扩展到三维空间。为此，我们需要对原来的函数——L（左转）和R（右转）进行扩展以使它们能够在三维坐标系中绘图。x轴与y轴的旋转用AutoCAD中的UCS就可以很简单地实现。我们将z轴旋转的关键字重新命名为YAW，方向上是正反旋转，而非L和R（左右）旋转。需要注意的是，我们使海龟绘制从（0，0，0）到（0，0，1）的直线时，函数通常是相同的，不过旋转坐标系的方式和二维空间中也是相同的。

绕x轴右向旋转或左向旋转的函数：

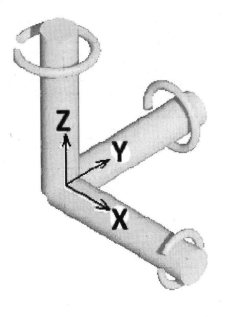

```
(defun r+ ()
   (command "ucs" "x" ang)
(defun r- ()
   (command "ucs" "x" (- ang))
Pich about the Y
(defun p+ ()
   (command "ucs" "y" ang)
(defun p- ()
   (command "ucs" "y" (- ang))
Yaw about the Z (same as rotate in 2d)
(defun y+ ()
   (command "ucs" "z" ang)
(defun y- ()
   (command "ucs" "z" (- ang))
F is now a cylinder rather than a line
   whose length is H and radius is rad
(defun F (  / tp)
   (command "_cylinder" rad '(0 0 0) h)
   (setq tp (list 0 0 h))
   (command "ucs" "o" tp)
```

就像在二维示例中那样，当画完一个圆柱时，我们将坐标系原点移动到上个图形的绘制终点处。

在GP中基因组的表达方式与遗传算法中有所不同。在GP中通常将其定义为一个函数树，而非一个数据串。在这里的L系统中，我们同样采用分支系统（在文章中也称括号系统，因为含有分支的代码是使用括号标记的）。当遇到一个左括号时，程序必须：

1. 记录它在三维空间中的位置；
2. 绘制分支；
3. 移动到分支终点。

当遇到右括号时，程序离开当前所在的点返回到第一步中记录的位置处。

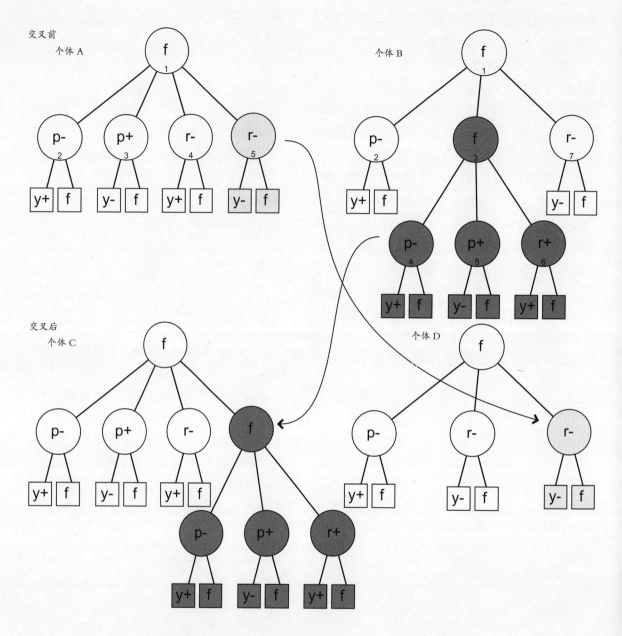

上图为交叉之前个体 A、B 和交叉之后个体 C、D

在 GP 中，交叉包括分别从两个函数树中随机地剪掉两个子树，然后进行交换。与遗传算法不同的是，这样交叉产生的后代的函数可能会比父代要多（或者少）。

基因型的进化方式

在此，进化过程是从简单的树开始的，而非一个随机生成的初始群。在每一代都会通过用户或自然选择从中选择两个适应度最高的个体，就像第103页遗传算法部分的多义线例子那样。就像我们看到的那样，两个基因型的基因必须通过相互合并才能产生两个比父代适应度高的新个体。为此，程序首先需要计算出基因组中共有多少函数。然后随机选择一个子树参与选择过程。而后沿着树往下遍历并做下记录，直到到达选中的子树，然后将整个被选中的子树剪掉。

另外一个被选中的父代也会进行上述操作，因此现在就有两个可以操作的子树（左侧图中颜色较深的部分）。这两个子树将会相互交换后接到对方原来所在的树上。

突变的过程也与此比较形似，只是选择一个子树之后会将它移除然后随机生成一个子树进行替换。

90°转角的结构：设计进化的L系统以满足载荷与制约因素

下面的例子是基于一个三维空间内的L系统，系统最初提供的只是一个从John Frazer那借用的基于同位阵列（或十二面体）的遗传分支机器。它会尽可能提供一种中性形态的表现型，并会尤其避免有结构被挡住，尽管这种结构很有可能生成，因为同位的是一个标准立方体的超大集合，就像在早期的"捕蝇器"实验中证明的那样，基础胚胎成长为复杂分支结构的趋势不得不用二维图形来描述。

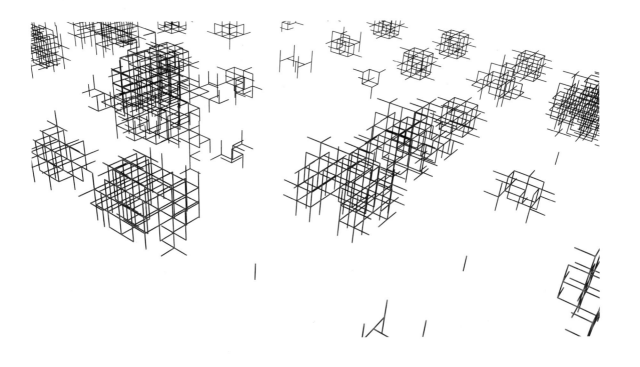

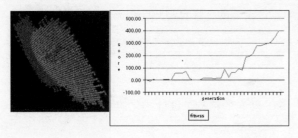

捕蝇器实验

个体所在的环境中，会有成群的粒子移动经过进化中的表现型。其目标就是进化得到使用最少材料（小球）且能捕捉最多移动粒子的结构，在此 L 系统形成的是类似床单的图案。

捕蝇器的进化——下面是经历七代进化的过程，从刚开始不呈形状的点到床单图案。左边的例子生成的是适应度最高的图案。

适应度函数 ＝
碰撞次数 × 碰撞效益－球的数量 × 球的耗用

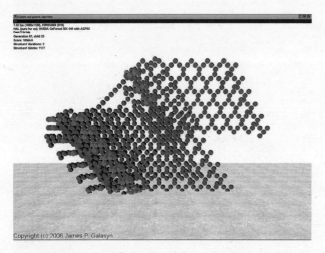

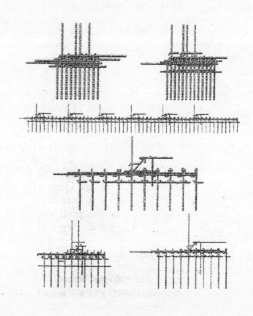

上面是 Jim Galasyn 的捕蝇器
右侧是进化生成的空间轴测结构（Coates 和 Jackson，1998）

进化的形体结构

关于形体结构的一个比较好的例子是动物界中细胞分裂和左右对称的体现。在遗传算法中，这种发展过程必须用代码进行确定的描述，但在 GP 中发展过程可能是不断进化的。在左面的例子（Helen Jackson 所做）中，研究对象从细胞分裂和左右对称两个方面上进化（很遗憾我们在例子中观察不到，因为垂直的腿是在侧面角度展开的，这里没有进行记录）。有意思的是，结果从来不会"完美"，它们会包含进化过程的某些产物，就像人身体中的阑尾一样。Helen 实验中的实验对象通过进化在重力上达到稳定，就像 Jim Galasyn 的共同进化塔楼一样，另外还要满足特定的尺寸和形状约束，但是上面的支架，一旦包含在基因型中，就会被固定在那里（可能是在等待进化成其他约束的机会）。

下面例子中的函数是关于结构的几何处理，根据表示基因型的值产生三维结构。特别要指出，这些函数是 AutoLISP 编写的，可以通过利用人工选择和自然选择调用 AutoCAD 中的运算。

CAD 函数树的这种组织方式是基于嵌入和递归的，这也是 LISP 数据结构与程序通常的创建方式（其实，一段数据结构和一段程序并没有概念性的区别，其内容是相同的）；此外，在以相似方式定义自然语言的短语结构文法（第一章提到的，Chomsky 发展而来的）中还存在并行运算。自动定义函数（ADFs）的生成可以看做将进化语言中一些有用的附属从句进行离析的方法。

将遗传程序看做结构的生成语法

因为描述方式之间的紧密联系，我们才比 George Stiny 更多从技术的层面讨论设计语法，我们希望以此定义出能够自动检索定义的设计空间的计算模型。

Dom-ino house 的语法规则

当我们用最简单的句子生成最基本的设计时，就可以从中体会到原始语法能够产生什么。在 GP 中允许并行地检索由原始的原理和生成定义的设计空间。这是否能够有效完全取决于原始的语法。如果原理和生成选择不当，就可能会导致设计的空间比较小。语法选择得当，设计的空间就会非常大，为某个准确的问题找到适合结果的可能性就会增加。

在 GP 中，进化规则可以用 LISP 编写的函数来描述，可以从一小段初始代码和 CAD 函数开始。另一方面，辨识部分是由 EVAL 函数自动完成的，当然，从更高的层面讲，整个的基因型是由用户提供的，用户在父代中选择继续进化的个体。

LISP 编写的标准 EVAL 函数通常首先是一个辨识函数，然后用产生的结果代替函数。形如（union（sub b1 b2）b3）表示用它的进化结果代替这个描述——AutoCAD 中对三维形体的一种选择。

进化语法（生成类型学）

语法，正如之前所说的，就是语言中的语义元素的一种标准描述，其规则（句法）就是为确定它们的定义方式而定义的。在设计中，这种语义元素就是几何图形的基本元素（就像名词）及所有的几何操作，例如移动、复制等等（就像动词）。语法之上的句法是用 GP 句法中那种函数树定义的。

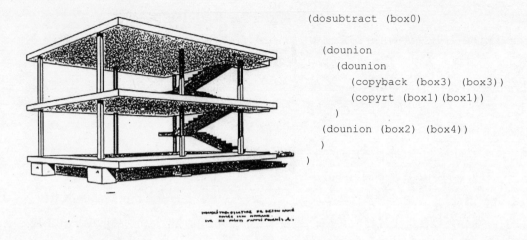

```
(dosubtract (box0)

  (dounion
    (dounion
      (copyback (box3) (box3))
      (copyrt (box1)(box1))
    )
    (dounion (box2) (box4))
  )
)
```

　　运行上面的代码会得到像下面那样的非常简单的结构。右侧的函数图表描述了代码的结构。

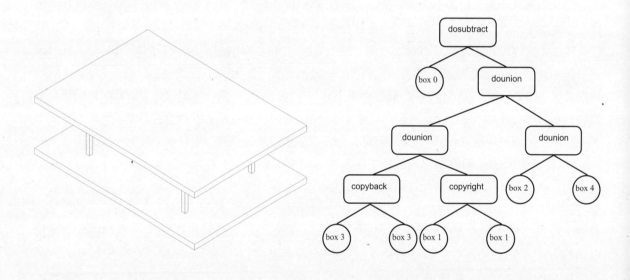

遗传编程的句法

GP的句法基于函数树结构。这是一个包含函数与终点的树形分支结构，函数是树的树枝，终点就是树叶。我们规定，函数可以有任意数目的分支，但每个枝干只能有一个终点。在这种语法中，函数就是动词，终点就是名词。生成的"多米诺结构体系"(dom-ino house)的函数树的代码见上页。

我们需要注意作为动词的函数（在图表中用矩形表示）是怎样与其下面的动词或名词相互联系的，而名词（在图表中用圆圈表示）下面则没有分支。有意思的是，这样的树形图是对LISP语句的一种描述，可以对其作如下翻译：

> "copyback（box3）（box3）的结果与copyright（box1）（box1）的结果合并得到的结果再与box2和box4合并的结果进行合并，得到一个结果，然后用box0减掉前面所得的结果。"

重要的是，上面的这种句法可以被LISP解释器理解，因此我们可以用LISP写成如下形式 (EVAL (dounion (copyback…etc., etc…)))，程序运行时计算机会有序地查找函数，最后生成一个简单的dom-ino house。

dom-ino house 的意义

dom-ino house 在建筑史上有着特殊的地位。在20世纪早期，本着回归原始结构的思想，它被应用到很多理论研究者的项目当中，将适合的工程学原理作为建筑学的基础。Le Corbusier提出，我们可以从这种标准结构开始进化出许许多多的建筑结构。所幸他也并没有被这种思想所束缚，但也有少部分人将这种dom-ino思想作为一种有力的工具，用一些基本的混凝土构架生产出了许许多多平庸的建筑。本节中的GP dom-ino项目是为了探究Le Corbusier思想在形态学上的意义，这可能会使dom-ino思想摆脱其支持者越来越少的困境。从GP中重构的可能性出发，就可以探究到更多在基本图形中固有的形态。Le Corbusier思想的方便之处在于其中的形态是形状垂直的，这使得其形态产生机制的程序比其他复杂的原始结构更加简明且容易理解。无论Le Corbusier思想具有怎样的优缺点，从任何思想中产生的可能性推断结果都是值得观察的。

相加还是相减？结构胚胎学

利用三维基本结构的数据库生成结构有两种概念性不同的方法——相加，即基础结构在某些部分进行合并；相减，即对叠加物体进行布尔运算后生成立体结构。前者就像是木匠或泥瓦匠，后者的动作就像对比较大的结构进行成型与铸造、切削与钻孔（像机械工程中那样）。

1967年，Peter Eisenman做了一系列关于形态的实验 (fin d'ou haus)，他的贡献在当时可以与Chomsky在1957年提出转换语法（《Syntactic Structures》，1957）相提并论（1978年Geoffrey Broadbent在《A Plain Man's Guide to the Theory of Signs in Architecture》中的评论）。尽管fin d'ou haus实验中包含了很多精致的示例，但是它在算法上是不严谨的，因为那些图是手绘的，而且当时还不能够在立体结构中进行布尔交集运算（但不管怎样，Eisenman曾经做到了）。布尔运算的计算量是非常浩大的，而且在20世纪90年代末以前，CAD软件还没有这种功能（关于立体结构的计算机运算最早的论文是1974年I.C. Braid的《Designing with Volumes》）。

了解了关于结构中布尔运算的组织可能性（构造性的立体形态）的一些理论研究之后，我们就可以将作为GP的dom-ino写成包含union（并集）/difference（交集）/subtract差集以及移动或复制的集合操作的程序语句。这样我们就能得到很多有效的生成结果，因为最初的五个块可以产生很多种可能的结果，其原因在于每个布尔运算都有四种可能的结果。

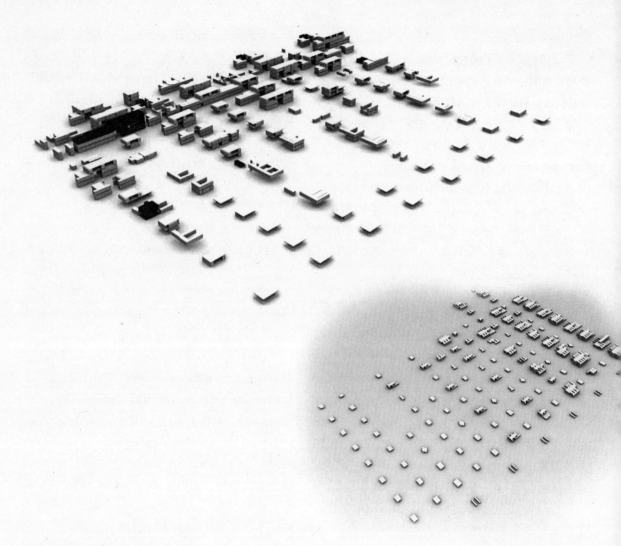

遗传程序运行的过程

生成结构词库

就像在前面介绍的遗传算法中人工选择的例子那样，形态的进化是基于用户与程序之间的相互联系。在多义线例子的程序中，这表现为对参数的一种简单排列组合，因此我们能期待的最好的事情就是这种特定的参数组合能够生成我们需要或者希望的形态。在 GP 中，我们是对函数进行排列组合而不是对参数，这样是希望能够摆脱遗传算法存在的局限性。运行 GP 系统时，是将 dom-ino house 程序中最初的函数作为进化源，也就是基础函数组合。当用户选择最合适的个体后，程序中的函数就会通过交叉进行合并操作，并且突变函数会根据突变几率向主函数树中随机地嵌入源于函数和终点库的函数树。同时，在进化过程中对主函数树中被随机选中的子树进行复制，并将其存储到库中。这就是自动定义的函数，这对嵌入新基因的突变函数也同样适用。

ADFs 的应用使基因型／表现型有了更深层次的含义，它能够在进化过程中提供在成功的（容易被选中的）表现型中逐渐积累的自我参考的基础成分。第 116 页的图形列表展示了在六层运算过程中生成的 15 个 ADFs 图形。很显然图形列表中那些自动生成的子树随着用户不断选择参与进化的父代变得越来越复杂。

换一种方式说就是，那些图形是用第一个 L 形状绘制的，用函数 2 和函数 9 来表述其思想就是，在 ADF 中，共有 15 个参数为函数 9 和函数 2 的函数 2。

这是一个递归嵌入的例子，f2 将自己作为自己的参数调用自身，由此可知，结果不仅仅是一种拼图或者基本元素的随机拼接。我们要注意，就像 ADFs 展现的那样，表现型的复杂（可以通过组成成分的数目以及它们之间的关联来衡量）并不伴随着基因型复杂度的提高而提高。在 GP 算法中，ADFs 产生的子树通常限制在两层或三层深，但尽管这样会导致 ADFs 具有相似的尺寸与限制高度，将 ADFs 进行递归地再合并可以使函数扩展到任意大——就像第 117 页的 15 个函数那样。

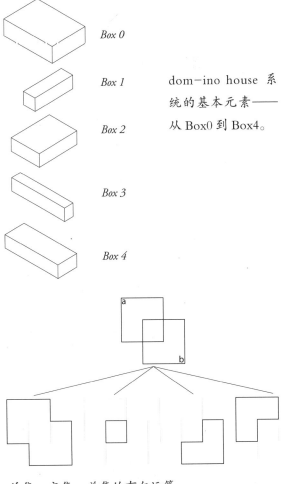

Box 0

Box 1

dom-ino house 系统的基本元素——从 Box0 到 Box4。

Box 2

Box 3

Box 4

并集、交集、差集的布尔运算。
从同一种立体结构开始由 B–A 与 A–B 生成了四种不同的图形。

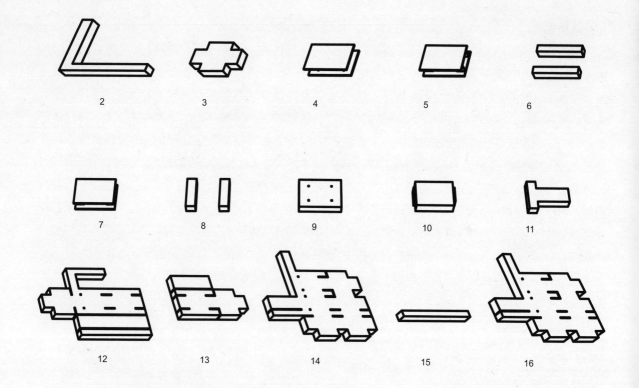

程序运行一次生成的自动定义函数（ADFs）
列表。每个图案都代表一个由适应度较高的父
代中自动选择的子树生成的三维物体。ADF2 在
成功的表现型中非常普遍，展现了原始"dom-
ino"的各种形状（有些包含墙而非圆柱）。注意，
ADFs 0，1 和 17 没有展现出来。

推理形式

Dom-ino GP 中的自动定义函数—— 一个可运行的例子

我们可以从 15 个 ADF 函数看出，从一个最初的 dom-ino 描述开始进化得到一个由墙、圆柱和隔板构成的复杂结构。从函数文本我们可以看出，在函数 2 中调用了函数 9 且又调用了一次函数 2（函数 2 共运行两次）。下面的树形图体现了 ADFs2、9 和 15 的结构。ADF F15 的代码如下所示：

```
(2 (9 P1 P2) (2 P3 P4 P5 P6) (COPYLT P7
P8) (COPYFORWARD P9 P10)))))
```

因此，其意思就是我们利用函数 9 和函数 2 来运行函数 2（见下面的图示）。程序中对原始语法中的基本图案的操作不仅仅是复制，还有递归地嵌入以及不同程度上的合成，这为结果提供了一种内在的自反性。下面的图表生动地展示了程序的运算过程，但实际上程序描述的是过程的发生方式，并且这种 EVAL 过程能够将其具身为三维结构。

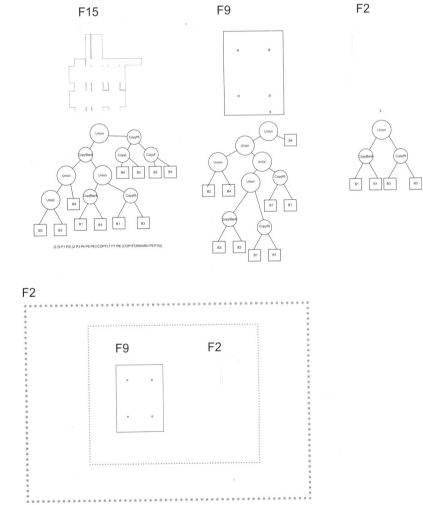

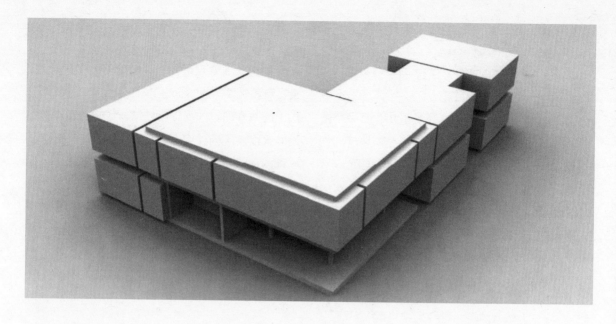

```
(DOSUBTRACT (COPYUP2 (4 (MOVEBACK (BOX4) (BOX3)) (1 (BOX4) (BOX2)) (DOUNION
(BOX1) (BOX4)) (COPYRT (BOX2) (BOX2))) (DOINTERSECT (BOX1) (BOX4))) (DOUNION
(DOUNION (COPYBACK (BOX3) (BOX3)) (COPYRT (BOX1) (BOX1))) (DOUNION (8 (BOX2)
(DOINTERSECT (BOX4) (BOX1)) (COPYFORWARD (BOX1) (BOX4)) (BOX4)) (DOUNION (BOX2)
(BOX4)))))
```

生成结构词库

正如前面阐释的那样，形态的进化基于用户和程序之间的联系。在进化的建立程序中，这表现为对参数的一种简单排列组合，因此我们能期待的最好的事情就是这种特定的参数组合能够生成我们需要或者希望的形态。在 GP 中，我们是对函数而不是对参数进行排列组合，这样是希望能够摆脱遗传算法存在的局限性。运行 GP 系统时，是将 dom-ino house 程序中最初的函数作为进化源，也就是基础函数组合。当用户选择最合适的个体后，程序中的函数就会通过交叉进行合并操作，并且突变函数会根据突变几率向主函数树中随机地嵌入源于函数和终点库的函数树。同时，在进化过程中对主函数树中被随机选中的子树进行复制，并将其存储到库中。这就是自动定义的函数，这对嵌入新基因的突变函数也同样适用。

ADFs 的应用使基因型 / 表现型有了更深层次的含义，它能够在进化过程中提供在成功的（容易被选中的）表现型中逐渐积累的自我参考的基础成分。前面的图形列表展示了在六层运算过程中生成的 17 个 ADFs 图形。很显然图形列表中那些自动生成的子树随着用户不断选择参与进化的父代变得越来越复杂。下面是关于被 Angeline 称之为"生成智能"的一个例子，但是在这里我们可以称之为生成空间组织，并能展现六代之后的最终结果及其基因型。在此，利用的是 ADFs 0，1，4 和 8。这样左边的图片展现的就是由下面的内容描述的一种设计。

这体现了语法结构的生成方式，由潜在的比例与语法操作进行空间分割，形成恰当的语法结构，而且这种"结构良好的"结构可以从一系列由基本动词构成的基本语句（ADFs）开始增殖。

有趣的是，相似的语句例如 ADF4 和 ADF7，多次运行后最终并不会产生十分形似的基因型。

同样值得注意的是，dom-ino house 原始的基因型已经变成了一个 ADF（例如其中的 4 和 5）。我们可以由此得知，GP 系统已经从原始程序语句进化为一种更高阶的词库，而且，这些设计语句可以构成源于标准示例的新语法的基本结构。这是对柯布西耶思想的一种建筑分析，不是着眼于最小的点，而是有建筑意义的片段。

   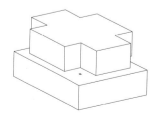

ADFs 0, 1, 4 and 8

总的来说，这一章主要介绍了怎样用程序设计语言定义一种"建筑语言"。这种方法的缺点在于，程序设计语言是完全明确且机械的手段，大多数的设计者都会对用这种标准方式编写完整的建筑设计感到困难。而其优点在于，即使一种非常简单的语言，一经定义，我们就可以用来进行实验或生成结构，因为在我们讲这种语言时，计算机就会无限地用这种语言产生句子。domino GP 的生成结果表明，对人工语言通过重组语法，我们可以进化得到更高阶的词和词汇，以此生成更复杂的且合乎规则的（语句构造上正确的）结果，甚至像 L 形或者其他的生成语句。

本章一直围绕的思想就是程序代码文本是唯一能够自读写的文本。从产生式系统到结构生成语法，我们已经了解了用代码描述形状的很多方式，甚至还有能够进化得到新的结构语法的元语言。

从最初的产生式系统开始，我们了解了构成结构的几何操作的标准描述（也就是说，用一个辅助性主题来作为基本证明）。由此，对面页上的图例就是这种证明，因此，所命名的函数就是生成的证明或者设计的辅助性手段。

谷歌地图上看非洲国家马里的廷巴克图（Timbuktu Mali）

第五章

城市空间形态算法

对于没有规划过的城市形态的研究，一般与很多领域有着密切的联系，例如地理学、地形学、经济学、社会学以及文化等等。我们应该对前辈学者提出反对意见，纯粹的空间测量并不是对建筑的最好描述，或者至少我们应该用一系列空间指标来解释形状及具体图案。同样，建筑研究者应该多做一些实地考察，用一套完全具体化的指标去处理客观存在的建筑群结构，例如地方行政区、贫民窟等等。

用算法仿真的方式研究非统筹建筑群的形态的思想并不是现在才提出来的，这可以追溯到至少 40 年以前（其作者有很多关于例子的手稿），而算法仿真通常用来进行整体分析及读取结果。在 Hillier 的轴向分析和其他网络分析工具中有这方面的例子，参见《空间句法》（Space Syntax）。

这可以视为生成形态算法描述的"减弱版"，在其中将系统分析的地位放在了生成脚本之上。而"加强版"与本书的意图相一致，在其中生成脚本的算法具有自我解释的地位。从整体到不同程度的局部，可从三个层面进行观察，而真实的观察者则是生活在城市肌理、连续空间和形态全景中的在当场的人。其思想就是将自下而上的算法映射为实际（或假想）的城市聚集过程，这种聚集过程在不同的地方有不同的形式，不同地方的规划者会作出不同的决策。

这种方法可以视为具体化描述的一种应用，作者在此对其做了新的定义；上面提前描述的本章思想被很多脱离实际的理论派所接受，包括建筑电讯（Archigram）学派以及 20 世纪中期 Cedric Price 和其他的所有非正式建筑设计。

这一系列都以图解表明，生成模型可以视为一种应用仿真考察空间描述的"概念论证"模型。用"传统的"认识论进行仿真描述是有难度的，但在描述复杂的城市空间结构时，我们有充分的理由对此进行尝试。这些实验是在 Von Foerster 和 Zopf 的《Principles of Self-organisaion》（1962）中提出的基本原理的基础上产生的。

首先，传统的描述方式有很高的复杂性和局限性，因为我们的研究对象已经形成 2000 年了，而且对于各种结构出现的过程和原因，我们所知甚少（像所有非正式发展那样）。在这种情况下，我们似乎应该通过假设一些非常简单的规则来解决这个问题，在其中通过表示过程的反馈循环生成复杂结果，就像背面 Alpha Syntax 模型的图示一样。

不加特殊限定的结构

在进行应用描述时，关键是不要对问题设置太多的限定条件，否则结果就会是没有意义的重复——指令代码中已经对结果做了明确描述，而没有利用简单的人机交流、更一般性的规则来生成结果，因此程序每次运行结果也就都一样。Gordon Pask 阐明了仿真中"自主性认知"的原理，以生成"自主性结构"。

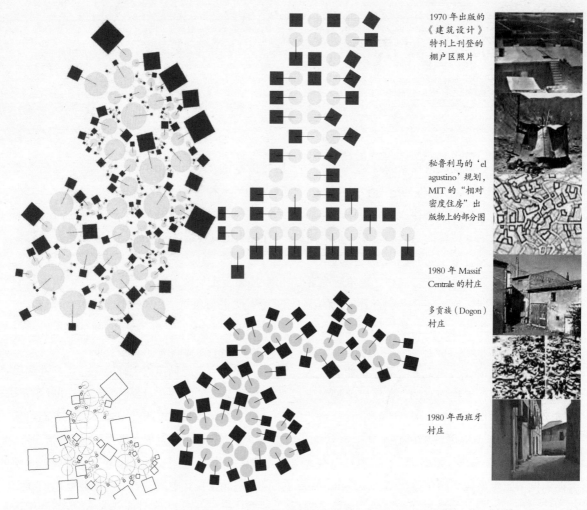

1970 年出版的《建筑设计》特刊上刊登的棚户区照片

秘鲁利马的 'el agustino' 规划，MIT 的"相对密度住房"出版物上的部分图

1980 年 Massif Centrale 的村庄

多贡族（Dogon）村庄

1980 年西班牙村庄

Alpha Syntax 算法生成的一些不同尺寸及形状参数模型的图片。

观察者的地位

由前面的章节可知，在仿真中应该将观察者作为系统的一部分做出明确的定义。NetLogo（用作生成空间的图解时）中对观察者有正式的定义，就是具有严格定义的整体操作的软件智能，就像颜色块的细胞阵列和智能体的聚集中的个体。重要的是还要明白作者 / 实验者扮演的角色，他们通过取样和对结果进行主观判断与系统产生联系。之后我们会介绍两个 20 世纪 70 年代的实验案例（后面的实例研究 1 和实例研究 2），在实验仿真时，用一个安装彩色快照胶卷的 16 毫米相机从屏幕上捕捉结果。由于所有特征都被观察并记录在案，所以在下一轮运行时能够很容易地辨认出来。

用 Pask 和 Ashby 的方式定义的凝聚式模型是"不明确"的，其结果是可见的，但是这种空间组织与通常所见的实体的空间系统（街道、广场等）有所区别。"大马士革模型"（实例研究 1）产生的死胡同就是上面所说的可见的结果，这并不是直接建立在模型规则上的，也可以说，算法塑造了一些基本过程而不是对我们所见的空间结构外观进行模仿。

随机性与其在生成模型中的应用

在下面的例子中，输出结果的复杂性的主要原因就是程序代码中随机数的应用。它们是由一系列算法生成的，而且作为计算机程序，由一个任意的数字开始生成任何特定的随机序列，事实上它们是完全确定的（所谓伪随机）。这样的过程通常可用于统计当中，并且通常会包含无偏差噪声，而这种噪声在算法中是需要抑制的。有很多方法检测数列是不是无偏差的，如果是，那么所有结果都可以视为"同等可能性的"。

我们由混沌理论得知，表面的随机事件通常（或者对于老练的观察者）可以解释为完全确定过程的一种复杂输出结果。Manfred Schroeder（1991）在《Fractals，Chaos，Power Laws》中展示了一系列简单的算法（π 的计算、Fibonacci 数列以及其他很多关于数字理论的算法）可以产生不可预知的结果。有很多运行过程中会产生随机数的算法，一个很好的例子就是 Swarm 群模型（第三章介绍过），模型中有很多关于 Swarming Agent 的计算——每个个体都跟在其他个体后面并且永远保持这种反身状态——可以用作复杂行为的无偏差的驱动源，而不需要任何其他随机数算法。

因此，随机数可以由很多确定的算法产生，建模者应该认真选择一个适合所建模型的随机数产生算法。在这里讨论的模型中，情况并不如此，只能说它是失败的。

显然，用历史数据来代替随机布置是不可能的，用它来描述真实世界中的复杂性也不可行，但目前我们只能根据将它们的简单的算法置于一个嘈杂的情景中来衡量他们的好坏，环境中的噪声代表长时间内实际建模者未知或不可知的集聚行为。

实例研究 1

下面我们探究普通"庭院式房屋"中存在的塑造空间的简单方式。这种建筑风格的城市已经在地中海及中东地区发展了 5000 年了，大马士革就是其中一个权威例子——尽管在别的地方的古城中也有很多这种例子。

假设：

- 这些城镇体系是由单个建筑物在漫长的时间内集聚产生的。
- 在任何时候，都能从其中一个建筑物到达任何其他建筑物或城镇的主要区域。
- 包含一些预先规划并议定的道路整体结构（主干道）。

城镇模型刚开始是一个无差别的平面，但其中标记了一些预定的道路。这是用正方形网格来表示的（一个二维整数组，可以将数值分类赋予代表含义，例如"空地"、"房子"、"主干道"）。程序运行时，将房子随机放置在平面上，并做如下检查：

1. 假定的房子没有覆盖到道路的单元。

2. 房子至少有一面与道路相通——检查与附近空地区域相连的所有可能路线看是否有与道路相通的。

3. 如果有，就建立一个房子；否则，继续将房子随机放置在其他位置。

在上述过程中，检查某个地方是否合乎规则是这个算法的基础，就像下面要讲的大马士革模型一样。尽管上面的文字描述很明确，但其中关于"所有可能路线"的搜索看上去使人感到畏怯，由于问题的开放性以及这些可能路线的复杂性可能造成特别大的运算量。其解决方法就是将问题归纳为重复执行一个非常简单的过程（递归方式）。

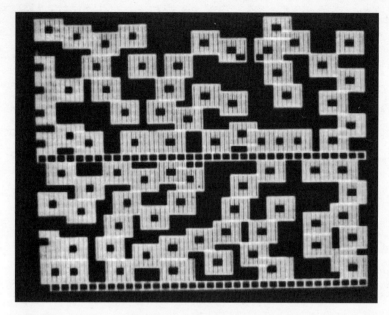

一个 tektronix 4010 图形显示机器上显示的模型输出，大约 1977 年在一台 Data General Nova 微型计算机上用 BASIC 语言编写的。

实例研究 1

　　探究在照片中的古阿拉伯城市中是否含有一种简单的塑造空间结构的方式。

　　在这些早期的实验中，可达的思想是通过一排的"街道"单元描述的。由于每个人都试图到达那一条街道，根据他们的行为就生成了很多死胡同。依次去检测每个人是否能从一个地方到达任何另外的地方费时太多，我们只需要看是否所有的人都能到达同一个地方即可。可以用 floodfill 算法检查某个房屋是否与主干道相通。其思想是，从房屋出发，往空地的方向一个面积单元一个面积单元地往前走，直到你到达主干道或者被建筑物挡住去路。

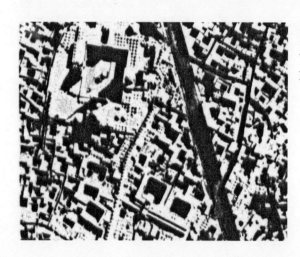

大马士革的航拍照片，摘自 1967 年的《Building Design》杂志。

floodfill 算法

floodfill 算法有两种形式："墨点"模型和"侵染"模型。在 1977 年过程程序设计与线性化处理的应用导致了墨点模型（下面有一个手绘的图表）的产生。其图案就像墨点一样向周围任何一个可能的单元扩散（标有数字的方块），且只覆盖未被占据的单元，直到它到达一个街道上的单元（标记 R 的方块）。floodfill 算法的一个商业应用的例子就是 Photoshop 软件中的油漆桶工具。

墨点（INKBLOT）或渗漏（LEAK）方法

一块区域会影响到它的邻居，这可以用如下的递归程序来完成：

```
To flood (x, y)
if patch(x, y) is unoccupied
   then
   set patch 'occupied'
   flood (x+1, y)
   flood (x-1, y)
   flood (x, y+1)
   flood (x, y-1)
   else
   if patch(x,y) is road
   then exit success
exit failure
end
```

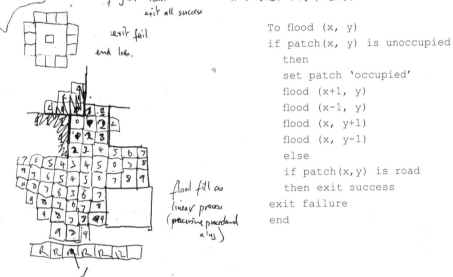

侵染（INFECT）方法

然而，用 NetLogo 进行编程，由于对每个单元实行并行运算，侵染模型相对更恰当。每个单元询问它的邻居是否被侵染了，如果是将自身置为被侵染状态

```
ask all cells simultaneously:
to flood
  get count of neighbours who are flooded
  if this patch is unoccupied
  then[if there arc any flooded patches
  [setpatch to flooded ]]
end
```

NetLogo 的影片，演示 floodfill 算法从左侧中部开始，到右侧停止的过程。

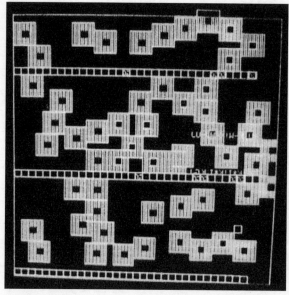

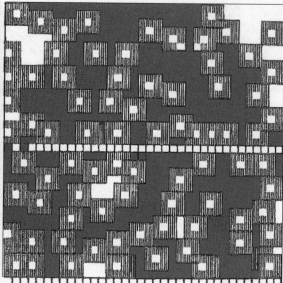

早期集聚模型

后期集聚模型

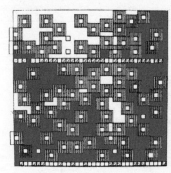

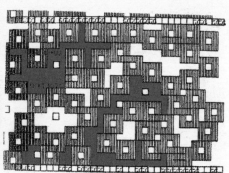

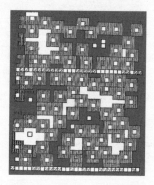

大马士革模型的观察结果

在左面的图中，街道空间是白色的，房屋是由 3×3 单元阵列组成的灰色阴影区域。灰色区域描述的是可达空间的生成形状。图中生成的死胡同是从与主干道相连的单元开始形成的，其形状是由建筑物集聚过程中偶然产生的。连接房屋和街道的是形状不规则的较长的区域（灰色的），剩下的就是更小型的空间（白色的），白色空间是与可达区域孤立分离的。

生成的整体形态并不是由算法直接确定的，实际上当程序运行时，其中的规则会产生一个连续的连接空间的整体形状，开始是周围只有少量房屋的宽阔地带，然后连接空间变为狭长状，随着房屋密度的增加最后这个狭长的连接空间会被最后一个房屋破坏，从一个双向的连接道路变为两个单向的连接道路。生成的死胡同就好像一种"导向的"状态或者说是这个放置过程的逻辑结果。

因此，死胡同可以视为一种结构定律，除了可达性与高密度的要求，它的生成没有任何具体的规则。然而，当你访问这种大马士革形式的城市时，就会发现那些死胡同和场地通常会被一些商业或行会占据，这已经被发展成了一种场地社会理论，它们存在的原因就是人们想一起生活或工作在社会／行会群体中。

然而，在此模型中场地可能是任何形状，而且，社会组织对这种"自然"形态的占据过程是偶发性的。

奥卡姆剃刀定律／一种新认识论

我们只考虑对于可以观察到的基于法则和社会习惯具体形态的简单描述。它应该有两方面的约束：

1. 不要在无法到达的地方建房屋；

2. 一直增加建筑物密度直到再也无法塞入。

当然，还需要有进一步改进，包括允许毁坏，通过改变可达性约束的细分或合并对单个房屋进行更细致的塑造。这样的一些改进设计会在后面的 Alpha 语法模型例子中进行阐述。这种模型可能会因为它的假定而受到批评，首先假定指定的"街道"所有生成的形态必须与其相联系，其次，从仿真开始，假定所有地面都可在上面行走。

如果在沙漠性气候地区，普通的地面就直接可以使用（对中东沙漠地带近郊的航拍照片展示个人庭院式房屋旁边的汽车，它们是在沙漠上开上去的），但对于更通用的模型，在多雨泥泞的情况下，道路应该被视为"数字"而非"地面"。实际上，从特殊的城镇凝聚模型推广到更具一般性的服务／被服务思想，就可以将道路看做随着房屋作为凝聚元素在道路上不断聚集而增大。

相互增强的反馈循环

这种死胡同整体图案的生成，尤其是我们观察到的这种形态，是一个"偏差放大循环"与"相互因果关系"的例子，这种例子是 Magoroh Maruyama 在 1963 年提出的。这是非常重要的，因为它是本节所有实验的基础，在其中整体结果（我们看到的形态）是从一个初始条件开始运行的结果，在每一时刻都需要对某些元素的放置作出当前相应的决策，这将影响到后面元素的放置，以此类推。这样最初的不规则就会被放大，系统的内部相互影响，就产生了相互因果关系。这种机制可以被转译为人类建筑活动，如下所述：

1. 向一个存在的凝聚式建筑群中添加建筑通常比毁坏与重建要容易；

2. 向一个存在的建筑物中添加元素通常比建一个独立的结构便宜；

3. 拆除现有大面积集聚建筑的破坏是不应发生的，除非有一种更先进的社会组织凌驾于个人意愿之上。

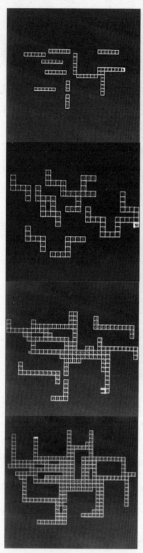
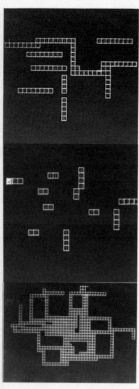

在 ICL1906A 上用 Fortran 语言编写的 Pond slime 模型，纸带输出，读入微型计算机 DG Nova 中，用一个小程序进行显示（大约 1973 年）。

Maruyama 的算法描述

下面文字描述的就是这种算法。这是一个经典的示例，网上有很多地方可以找到。

本着简单的原则，让我们想象一种二维组织结构。进一步假定组织中的单元都是相同大小的正方形，而且组织中包含四种类型的方块：绿色，红色，黄色和蓝色（参见上页图片）。

每一种类型的方块能生成同类型的方块以产生新的组织。一个组织至少包含两个方块单元。组织的生长用一个方形二维数组表示。让我们给出一系列的组织生长规则：

1. 过程中不会有方块消失，一旦生成就会一直存在。

2. 在满足条件时，组织的首尾两端都可以生长，单位时间内在首尾邻近的空白单元处生成一个方块。如果与首尾相邻的均没有空白单元，则组织停止生长。如果组织某一端有一个以上的相邻空白单元，那么生长方向的优先级由规则 3、4、5 决定。

3. 如果在沿着最后一个方块与倒数第二个方块（紧挨着最后的那个）所在的直线方向上，有小于或等于 3 个连续相同类型的方块（但可以是其他的组织），优先生长方向就是最后一个方块与倒数第二个方块所在的方向。如果这个方向上已无法生长，则遵循规则 5。

4. 如果在沿着最后一个方块与倒数第二个方块所在的直线方向上，有大于或等于 4 个连续相同类型的方块（可以是其他的组织），优先生长方向就是着最后一个方块与倒数第二个方块所在的方向左转的方向。如果左转的方向上已无法生长，则右转。

5. 当一个生长优先方向确定，但因为该方向上前面的区域已被占据而无法生长时，做如下操作：如果前面单元的颜色与组织末端颜色相同，就左转；否则，就右转。

6. 四种组织类型的生长在时间上是不同步的：在一圈时间，也就是四个单位时间内，先是绿色，后是红色，再是黄色，蓝色最后。

实例研究 2

为了推广相互增强反馈的理念，在下面的例子中探讨上面讲到的服务 / 被服务思想。问题是：在街道和房屋之间能否塑造一种方式使二者相互依赖？一个可以证明有用的权威的线性自组织模型就是 Maruyama 的 pond slime 模型。在他的文章中没有任何代码描述，所有的例子都是用手计算的，因此我们有一个很好的机会来用代码解决这个问题，可以将他在 1969 年画的流程图作为依据。

两个状态的模型——Maruyama 的 pond slime 模型

Maruyama 用以阐释相互因果关系的例子就是 pond slime 算法。在这里，pond slime 的单个的生长源有两个相反的生长方向。它们有多种类型，如果最初只有一个生长源则会生成一个弯曲球状物体。这是因为其遵循如下规则：

1. 只要在此方向上没有东西挡住，就在相对的两端生成新的单元；
2. 当生成四个新单元时，右转；
3. 如果碰到自己的单元，同样向右转；
4. 如果碰到其他组织，则左转。

这种自身与其他组织的小区别会引起 pond slime 的复杂缠绕，产生这种组织最常见的复杂缠绕的混乱结果。

如果从一个单元开始，它首先会延长，然后绕着自己转圈（当 pond 中有很少初始单元时，也可以观察到）。然而，当一个生长单元遇到其他组织时，就会执行新的规则。

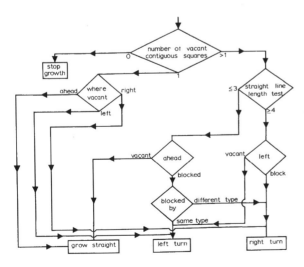

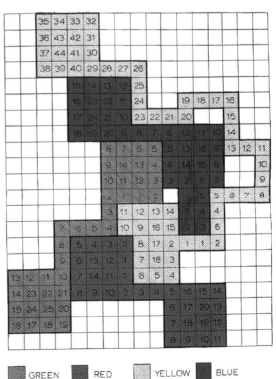

用 NetLogo 语言编写例子的程序

首先考察这是否可行。这看上去比较简单，前三条规则与 NetLogo 部分的二维方块相似。基本上来说，前三条规则形容了一系列的基本块。

第一个要做的抉择就是：我们应该应用此处所说的可能的基本块，将基本网格看做一系列基本单元还是将组织看做一系列的海龟？这种问题我们经常会碰到，就是哪种方式对算法而言更自然且恰当。由于涉及"生长"和再生产，似乎我们应该选择海龟的方式，因为基本块会从开始一直就在那且不蕴含生长的概念。

因此，看上去我们应该首先定义一个海龟，并试图定义其"首尾两端"，由前面所述的规则 3、4、5 得知，其中含有定向与转向的概念。这太棒了！海龟本身就具有方向感，它们能够向前、左转、右转等等，因此用海龟的方式看上去比较简单。

程序启动后首先呈现的是一些散置的海龟，随机地为它们赋予方向，包括上、下、左、右（我们将海龟设置成不同的颜色，这样我们就能辨认出它们）。

```
ask turtles
  [
  set heading random 4 * 90
  set color who + 20
  hatch 1[set heading heading + 180]
  ]
```

繁衍指令会使每个海龟生出一个与自身完全相同的子代，但子代方向与其相反，如果父代方向朝北，那么新生成子代方向就朝南等等。

由规则 3 可知，其中包含海龟移动"长度"的思想，以及需要识别遇到的是不是自己。这种识别可以通过为每个海龟设置颜色的方法来完成，各个海龟的子代具有一种基于父代 ID（名字）的特定颜色。此外，我们又怎样得知有机体组织长度是多少呢？

这就是一个非常好的改变问题解决方法以使编程简单的例子。你可能会想我们应该测量组织中各个部分的基本单元的长度，但实际上有更巧妙的方法，就是计算海龟共走了多少步。程序开始是一步，每移动一次就进行加 1。如果你需要判断是否要执行规则 4，检查自己的"步"数即可。

另一个还不是十分明了的事情就是，如果我们用海龟的颜色来表示其类型（相同 / 不同类型；就像上一页的流程图中所述的那样），怎样去检查海龟的颜色？我认为，由于我们实际是对网格进行着色，我们可以去检查是哪个方格。这样我们就需要对海龟新生的或者移动过的方格进行着色。

当所有这些都完成时，我们就可以使各海龟移动了：

```
ask turtles
  [
  set pcolor color fd 1 set pcolor color
  set steps 1
  ]
```

在上述代码中，我们首先对所在的方格进行着色，然后前进一个方格并将前进步数加 1. 完成这些之后我们就准备开始根据规则 2-5 编写主循环。但还有一个问题，关于按时间工作的规则 6 怎么处理？我们要注意，本算法是对简单组织聚集的生成复杂度进行形式描述。而真实的聚集区中的集聚一般都是同时进行的，不存在轮流的方式。因此我们决定忽略规则 6，如果感兴趣，我们可以进行另外的编程实验。

对规则进行编程

首先要处理的规则是：

2. 在满足条件时，组织的首尾两端都可以生长，单位时间内在首尾邻近的空白单元处生成一个方块。

这种在任何可能地方生长的思想是一种元规则，在整个算法中都用到了这种规则。

NetLogo 有一个很有用的海龟命令"patch-ahead"，能够对"邻近空白单元"进行清晰描述：

```
ifelse pcolor-of (patch-ahead 1) = white
```

这条语句可以使某只海龟检查下一步要到达的前面的方格是否是空的。

4. 如果在沿着最后一个方块与倒数第二个方块所在的直线方向上，有大于或等于 4 个连续相同类型的方块（可以是其他的组织），优先生长方向就是着最后一个方块与倒数第二个方块所在的方向左转的方向。如果左转的方向上已无法生长，则右转。

"最后一个方块与倒数第二个方块所在的直线"就是海龟当前的前进方向，"大于或等于 4 个方块"是通过是通过 mod 函数检验的，在其中步长 branchlength=4:

```
if (steps mod branchlength) = 0 [left 90]
```

方向选择是由下面的代码段完成的：

```
[ifelse pcolor-of (patch-ahead 1) = color
  [left 90]   ;如果遇到自己就左转
  [right 90]  ;如果遇到其他组织则右转
]
```

上面描述"遇到的是否是自己"这条规则时，是用 patch-ahead 命令检查颜色是否与自己相同。（在代码中我们只能用'color'而不能用'colour'，因为海龟语言是以美版英语为基础的）

最后规则 2 还要进行声明："如果与首尾相邻的均没有空白单元，则组织停止生长"：

```
[
  ;现在已经转向或者最终再也没有新的生成
  ifelse pcolor-of (patch-ahead 1) = white
    [fd 1 set pcolor color set steps steps
      + 1]
    [die]
]
```

NetLogo 程序运行 slime pond 模型结果

　　要特别注意，程序中规则的执行顺序与
Maruyama 所列的顺序不同。我们可以有很多规
划过程的不同方式（包括第 130 页用 Fortran 语
言编写的四个方块后转向的例子）。下面的代码
是以并行运算的方式进行的一次简单尝试。它包
含两个 ASK 算法：一个决定转向，另一个检查
前面的方块是否可以占据。由于海龟的方向是完
全相对的（就像在 L 系统或前面的一些其他例子
里海归绘图中那样），下面的程序对 pond slime
的两端在各个方向上都产生作用。只用海龟就
可以产生一个形式更加自由（真实的）的 pond
slime 模型，以下为原书编程代码：

```
ask turtles
  [

  ;one off check to see if it is time to turn
  if (steps mod branchlength) = 0 [left 90]

  ;room to grow checks
  if pcolor-of (patch-ahead 1) != white ;seem to be stuck

    [ifelse pcolor-of (patch-ahead 1) = color
      [left 90]  ;left if it is me
      [right 90] ;right if it is somebody else
    ]
  ]

;all turtles have done the turns now time to move
ask turtles
  [

  ;now we have turned or not one final check for room to grow
    ifelse pcolor-of (patch-ahead 1) = white
    [fd 1 set pcolor color set steps steps + 1]
    [die]

  ]
if count turtles = 0 [stop]

end
```

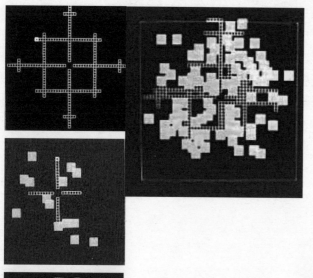

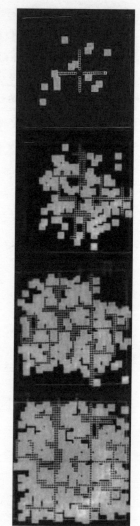

集聚结果的整体结构主
要由街道系统中最初的
位置及开始时房屋随机
放置的位置决定，这些
图片展示了单源和四个
源的系统，还有一个因
受开始时水平面组分的
阻碍只采用线性结构的
单源系统。

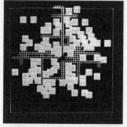

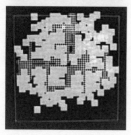

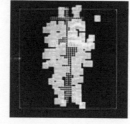

　　1973 年所做的 Fortran 实验，用的是与 Maruyama 例子同样的设备——只有 16K 字节内存的 ICL 1960A，但它具有高速的数据处理能力。结果是在 Nova/Textronix 1410 上显示的，主机将输出结果写到纸带上，利用纸带将数据载入 Nova/Textronix 1410 中进行显示。因此这项工作是分两块完成的，用 Fortran 语言编写程序生成结果数据，用 BASIC 编写一个小程序进行图片显示。要将数据从一个机器转移到另外一个机器，一方面要将穿孔卡片移到另一个机器，另一方面要往第一台机器中放置纸带。

道路和建筑群

前面描述的 Maruyama 模型是"偏差放大反馈"的一个例子，作者认为这是一个"二阶控制系统"。在 1963 年这被看做一个生成复杂度的例子，而非一个 Ashby 与 Ross 那种传统控制系统。

当基本单元组成的图案（有空的方格）生长时，pond slime 机制有两种行为：

1. 盘绕地转圈（自身的方块相互交叉）；
2. 长且不规则的线路（方块与其他的 pond slime 交叉）。

pond slime 算法构成了街道生长规则的基础。原始的流程图及相关规则在第 131 页。在街道系统中，这些行为有所改变，当 n 个生长单元之后通常会产生分支，如果没有遇到房屋，就会生成一个简单的方格图形（左上方的图片）。但如果有遇到房屋，那么生长中的网络就会进行规避。

同时，这种逐渐集聚的散布系统通过在街道系统的生长点附近散置"房屋"进行工作。散置密度不同生成的形态就会不同，而且街道生长系统的生长点可以有多个，也可以只有一个。系统规定房屋不能覆盖到已经存在的街道组成单元，但可以覆盖已存在的房屋。

Maruyama 阐述的"偏差放大反馈"是存在于两个不同个体之间的（相同种类），而在这里，"偏差放大反馈"被修改为两个不同的种类之间了，道路和房屋——通过相互反馈循环将小而不规则形状放大为大而密集形状。

观察到的结果

通过运行不同的聚集率和分支规则，就会生成一大片的聚集庭院及街道，服务与被服务组群之间有着"合理"的关系，这样，房屋就有很好的可达性，并可受到很好的服务。结构形态也会有很多种，从接近线状分布到成群聚集。这是由于聚集参数不同形成的——包括某个道路生长点处吸引房屋建立的可能性与某个房屋吸引其他房屋建设的可能性。另外还有一个道路生长速度因子，它决定在一个循环时间内建立的道路长度。

这样，生长的房屋群就会阻碍道路的生长，同时也阻碍了道路吸引更多的房屋，但是生长的道路会遇到更多的房屋，因此，这就成为了道路与房屋之间的一种赛跑比赛。从这个意义上讲，这个系统的设计主要是其中一些参数的调整，观察结果然后改变参数重新运行，如此不断循环，直到调到满意的结果。

因为这个过程是在两台机器上完成的，需要带着相当数量的穿孔卡片与纸带往返于两台机器之间（更不用说坐在 Nova 前面处理高过人头的一袋穿孔卡片并用彩色胶卷相机对着屏幕拍快照了），这种循环的设计是非常麻烦的。

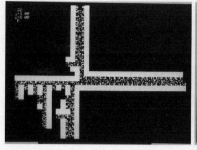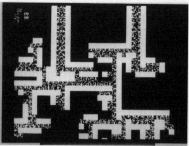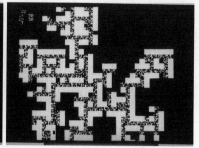

原始正交 A-syntax 模型的屏幕快照，在来自利物浦理工大学（Liverpool Polytechnic）的 UMIST's DEC 10 上从一根地线开始运行的。这次的图形是由主机生成的。我们甚至有一个打印屏幕快照的终端打印机 Tektronix 4010（1980 年由 SRC 种子基金建立的）。

左边是高集群
中间是中集群
右边是低集群

可以通过改变聚集参数塑造一系列的句法，包括 4 和 5。

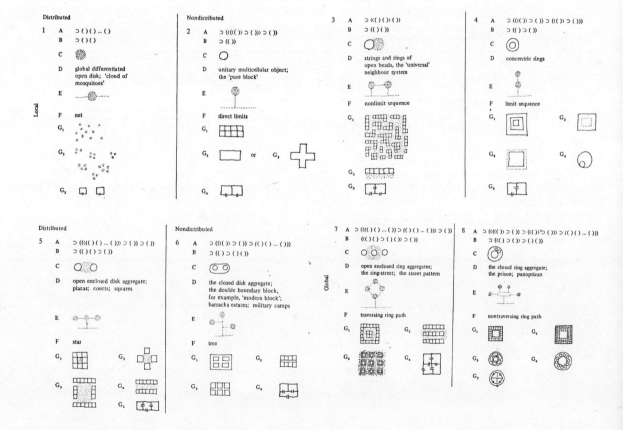

8 个原始的句法。实验中用到的是句法 3，一般邻居系统。

Alpha Syntax 模型

Bill Hillier 提出了一种含三种状态的自动产生机制，其意图是捕捉欧洲一些"未规划"有机村庄的生长本质。我们在此基础上，对两种状态的模式做更细致的阐述。

封闭－开放的空间关系（X>Y）

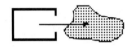

开放－开放的空间关系（Y>Y）

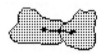

在 Hillier（1976）的文章中，载体空间中有三种类型的单元：封闭、开敞、虚空。参考先前的模型，本模型中有两种类型的空间——封闭的私人"内"空间（用 X 表示）与开放的公用"外"空间（用 Y 表示）。在模型中，对这两种状态的关系有更明确的表述，这两种类型的空间是成对存在的，每一块私人空间一定连着一块公用空间。此外，还有一条重要的规则，就是每块公用空间都连着另一块公用空间。这是由先前的模型中一种特殊的"网格生长"pond slime 算法控制的。但在这个模型中，对开放空间没有特殊的规则，除了它应是邻近的。

在最初的文章中，有各种维数的语法表示，除了 x>y 还有 xx>yx>yy 等等约束更强的一些表述，但后面的这些通常不会产生令人满意的形态，因为它们约束的太多。

系统运行的结果是有房屋附属其中的开放空间元素网络的逐渐发展过程。最初的版本（在《The Social Logic of Space》中介绍的）是由细胞组成的，

没有其他额外的规则，左面的图示是生成标准细胞正交模型的例子，但其中包含聚集参数及选择它们的句法的可能性。

Hillier 的方法是对原始模型的一种漂亮的反演，他主要专注于空间的生成，而在早期的一些模型（Damascene 模型）中，空间是在将结构定位之后才会考虑的。

细胞自动机

与早期的一些工作相比，Hillier 的模型提供了一种更接近标准细胞自动机（CA）的机制。这可以看做一种描述作为离散空间和时域仿真生成结果的空间形态和结构图案的方法。一个 CA 通常是一个并行运算系统，系统中所有的细胞都同时决定是否改变状态，就像原始的 Alpha Syntax 模型，事情的发生都是同时的。然而，上面所说的早期的仿真都是相互有所不同的，程序中都含有不同的子系统（例如街道生长或房屋聚集），CA 是一种一般性的系统，可以通过再定义进行一些不同的运算（包括集聚式系统）。一个 CA 应该具有以下特征：

- 一个表面，由很多在数值上同一的细胞组成，但可以包含很多的尺寸（例如在这里就是二维的）；
- 每个细胞都有一系列可能的状态（通常用颜色表示）；
- 对于每个细胞，有一系列根据邻居数量改变状态的规则；
- 每个细胞都有一个定义的邻域（在二维环境下，通常是 4 或 8 个细胞——见 Sana 实验）。

CA 的通用总体结构是一种非常灵活的系统，可以通过改变状态类型的数量、邻域或者

运行并行的 Alpha Syntax 生成程序，细胞中封闭状态的细胞所占比例 =20%（上面的）时生成的是非常大的无差异的空间结构，其值为 30%（中间的）时，系统就会被封闭状态细胞阻碍，生成的是内部含有很多不可达的开放空间的多分支系统。将其值提高到 40% 时，生成的就是关闭的分支和小系统（底部的）。

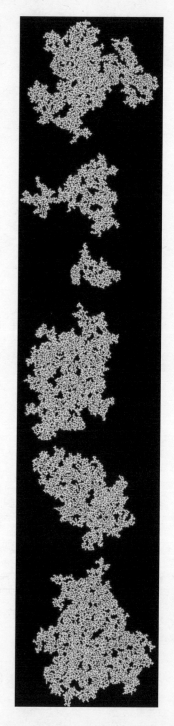

规则对系统进行修改。关于 CA 设计的一个问题就是你不能从你想要的结构出发按规则的逆向顺序运行，你必须尝试多种不同的规则并检验其结果。这就是生成算法的特征，也是简单算法的底层内容。

用 Alpha Syntax 生成村庄的程序

就像 floodfill 算法有两种不同的方式：程序的 / 递归和并行运算（用 NetLogo 语言），Alpha Syntax 算法也有两种描述方式：

1. 程序的 / 递归方式

```
To grow (x, y)
  try one of
    neighbours of this patch at x, y
    to see if they can be a new openpatch
  if ok then
  try one of
    neighbours of this new openpatch
    to see if they can be a closed patch

    if ok then
  grow (newOpenpatch)
end
```

2. 并行运算

```
to grow

if this patch = carrierspace then
  if it has openspace in its neighbourhood
      then
    on the toss of a coin
    turn openspace or closedspace
end
```

并行运算的版本相对更为简单，但因为所有的基本块都同时赋值，不可能做到以轮流的方式先行设置开放空间再设置封闭空间，而且这种行为还是偶然的。由于原来的算法主张每个新的封闭的细胞都连着一个开放的细胞（对开放细胞的放置限制比较宽松，只有条件允许的时候才可以放置封闭细胞），然而并行运算并不能对此直接控制，与开放细胞相连的封闭细胞的比例必须低于 50%，否则开放空间的细胞会被封闭空间的细胞包围，系统就会自行停止。通过实验发现，封闭细胞的比例稍低于 40% 时最有利于系统生长。

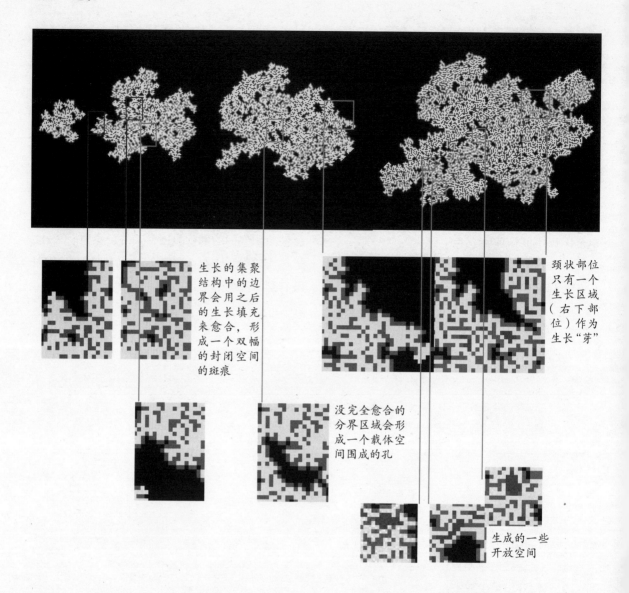

生长的集聚结构中的边界会用之后的生长来愈合，形成一个双幅空间的封闭的斑痕

颈状部位只有一个生长区域（右下部位）作为生长"芽"

没完全愈合的分界区域会形成一个载体空间围成的孔

生成的一些开放空间

考察 Alpha Syntax 模型

　　最初模型的一个目的就是探究没有经过规划的自然生长城市空间组织的形态。由于这些早期的模型都是基于网格的，因此无法很好地观察到局部的细节（见下一小节中网格）。我们会发现，长时间运行此模型会生成一个比较大的同构系统，其各个部分都有相同的尺寸和形状，也就是说，系统没能够成功产生真实的城镇村庄那样的整体结构。

　　但是我们可以为生成的空间组织建立二阶的观察，如本页图所示，当 Alpha Syntax 模型运行之后，我们可以对一些特殊的空间特性作不同的标记：

　　1. 如果一块开放空间周围全部是道路空间，就将其标记为 Y-Y 空间就在其上面画影线（见本页图）。

　　2. 如果上述定义的影线块周围全是同样的其他影线块就将其标记为交叉影线（Y-Y-Y-Y 空间）。

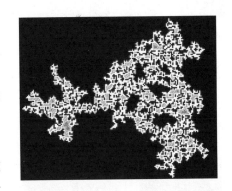

　　在图片中，白色的是一个细胞尺寸的开放空间，画影线的为两个细胞，画交叉影线的为三个细胞等等。

　　上面对系统做了差异化的描述，指出了一种定义局部空间组织生成上层结构的方法。它们比较均匀地分布在系统中，并且在更强约束的系统（封闭空间比例比较高的系统）中，它们往往会出现在空间生长组织的中心。这样，从这种简单的普遍规则我们可以观察到整体呈差异化的空间组织，这样的差异化的空间组织是二阶或三阶过程的基础。

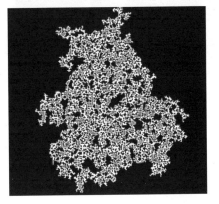

　　这种整体结构也可以视为是开放空间与封闭空间之间偏差放大耦合的结果，后面两页对此有更详细的展现。

空间组织的二阶观察与三阶观察示例

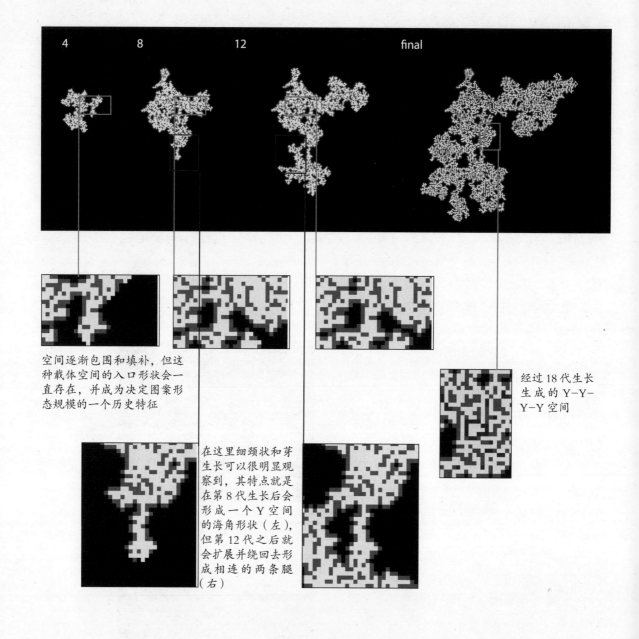

4   8   12   final

空间逐渐包围和填补，但这
种载体空间的入口形状会一
直存在，并成为决定图案形
态规模的一个历史特征

在这里细颈状和芽
生长可以很明显观
察到，其特点就是
在第8代生长后会
形成一个Y空间
的海角形状（左），
但第12代之后就
会扩展并绕回去形
成相连的两条腿
（右）

经过18代生长
生成的Y-Y-
Y-Y空间

萨那动态生长模型

　　萨那（San'a）是也门的首都，它一直被视为城市形态的典型例子。20 世纪有很多地理学家和城市规划学者研究这个城市 [例如 Varanda（1982），Sallma（1992）还有 Kaizer（1984）]，我的学生 Ali Khudair 与当地议员进行了交谈，了解了也门的风土人情和社会历史。

　　研究这种定居点结构形态的常规方式就是对其形态做整体描述，然后将社会动态特征附加在上面。例如，在早期苏丹国王和王子是国家的主宰者，政府和宗教主要负责房屋建造及制定法律法规。同样，既然此处的主题与"城市设计"有关，20 世纪 60 年代的"城市景观"运动（《Architecture Review》1965—1969 年期间发表的文章）主要注重于形态的审美评价而不是解释它们存在的原因。

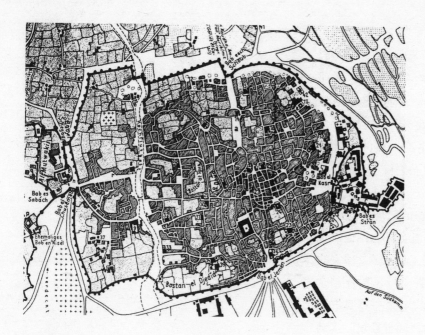

萨那的形态

（上面）俯视图

（下面）萨那中的四种城市形态类型

1. 墙和房屋之间的菜园；

2. 密集空间中的中央广场；

3. 道路旁边的空地；

4. 被房屋包围的传统 Bostan。

1   2   3   4

与前面模型的关系

从前面的介绍可知，为 x 空间与 y 空间的比例设置一定值后，生长结构中就会形成一些载体空间的"孔"。由此，我们可以将那些 bostan（菜园）看做系统的生成特性。尽管两种状态的自动模型的整体结构没有下面要讲的三种状态的 CA 那么有说服力，这个模型可以看做具有一般性的基本情况。在我们开始对它们显式指定之前，应该先明白这样的模型的基本行为，而不是系统拓扑结构的组成。根据这种基本结构，我们打算发展 CA 形式的模型，而非前面介绍的 DLA 形式的模型。

萨那及也门一些其他的传统城市的形态与前面所讲的轮替形式的 Alpha Syntax 有很多相似之处，但也有像并行版本那样的不同之处：房屋后边形状比较大的不可达的菜园区域通常与清真寺有关，其所有权属于上帝，也就是说，它是不属于任何人的，但是由清真寺管理。绿色的区域用于种植农作物，通常含有公用的水井，在下面我们称之为菜园（gardens）。然而，需要注意个人的房屋并不是与私人菜园成对存在的，只是连着公共的开放区域。我们还需要注意所谓的公共区域并不是说菜园前边的房子两侧都与道路相通。

菜园存在的地方含有下面几种句法：

- 道路 > 道路
- 房屋 > 房屋
- 菜园 > 房屋
- 菜园 > 菜园

因此，我们形成的句法就不是 Y>Y 或 X>Y，而是 Y>X>Y，其中第二个 Y 表示菜园。不然，其句法就与上面所讲的 Alpha Syntax 一样了。也就是说，菜园通常在房屋后面，不与道路直接相连，但房屋也可以没有菜园。我们也可以使菜园旁边没有房屋而直接与道路相连，在模型中可以通过放宽一些下面的排除规则来完成。

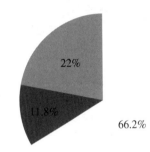

上面的饼状图展现了建筑区（黑色）、道路（白色）和菜园（灰色）所占的比例

萨那模型是一个三状态的 CA，其状态改变规则有如下两条：

1. 从空白状态到菜园、房屋或道路；
2. 从一种占据类型到另一种占据类型。

算法描述

在建立细胞自动机（CA）时，NetLogo 可以为基本块（小的方形细胞）赋予某些变量和行为方式，还可以提供邻居计数函数来计算 Moore（nsum4）或 von Neumann（nsum）邻域中有关基本块的变量的总数。

萨那模型的算法包含了这两种邻域。下面是一些状态改变规则及其中的相关数值：

1. 在房屋"后面"放置菜园的情形——如果在 nsum4 邻域中有一个空的细胞并且只有一个房屋；或者在 nsum4 邻域中有多个菜园且在 nsum 邻域中没有道路时，将基本块变成一个菜园。

2. 扩展不与房屋相邻的菜园——如果在 nsum 邻域中有一个空细胞和多个菜园，就将基本块变成菜园。

3. 生成道路和房屋——如果一个细胞是空的而且旁边有一个菜园和多个道路，那么以相同的概率随机决定是将其变成道路还是房屋。

还有两条整理规则：

4. 房屋变成道路——如果某细胞是一个房屋，并且在 nsum 邻域中只有一个道路且没有其他的房屋并少于四个菜园，就将房屋变成道路。

5. 菜园变成房屋——如果菜园细胞周围环绕着一些道路，就将菜园变成道路。

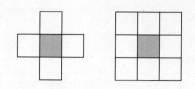

Nsum4 邻域和 Nsum 邻域

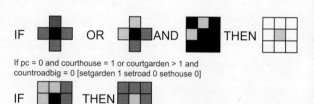

If pc = 0 and courthouse = 1 or courtgarden > 1 and countroadbig = 0 [setgarden 1 setroad 0 sethouse 0]

If pc = 0 and countgardenbig > 2 [setgarden 1 setroad 0 sethouse 0]

If pc = 0 and countroad > 0 and countgarden < 2 chose randomly 50:50 between

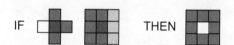

if house = 1 and count road = 1 and courthouse = 0 and courthousebig >0 and countgardenbig < 4

if garden = 1 and countroad >0

就像在两种状态的 CA 中那样，从空细胞到道路或房屋的状态变化情况也可以通过改变空细胞变为道路或房屋几率进行修改。下面的图形序列是 X（房屋）几率值从 20% 到 90% 时的总体结构形态。

高几率

| 20% | 30% | 40% | 50% |

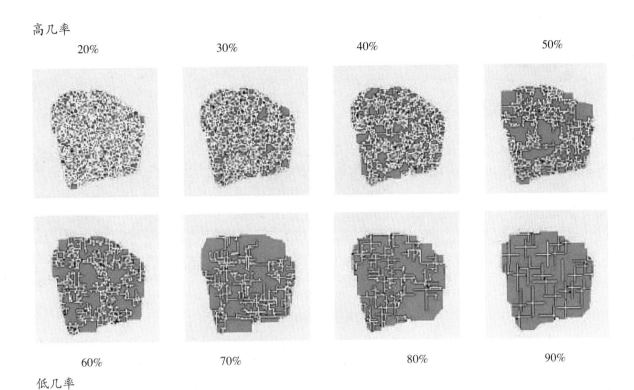

| 60% | 70% | 80% | 90% |

低几率

几率值不同时的不同形态

我们发现，当一个状态待变化的空细胞变成一个道路细胞的几率为 100% 时，整体形态就会更趋向于街道而且菜园区域的面积也会增加。其几率比较低时，形态呈现颗粒状，就像 Alpha Syntax 那样，而且菜园面积都比较小。在真实的萨那城市中，菜园－道路与菜园－房屋的实际比例大约为 50 ：50，这说明这个比例应该是最恰当的。

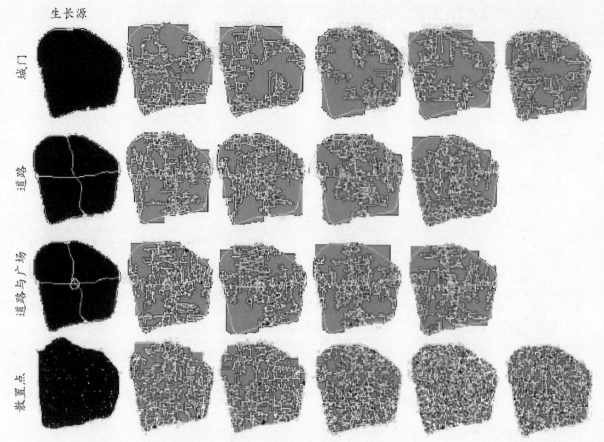

生长源

城门

道路

道路与广场

散置点

从上到下，分别以城门、道路、道路与广场及散置点为生长源。

初始条件

对于 CA 的整个运行过程，初始状态必须具有至少一片道路空间，算法才能够开始工作。初始状态可能有很多种形式，我们可以很容易地对其进行探究：

- 在某处只有单个生长源；
- 有很多散置的生长源；
- 生长源为表示特定的整体定义的可达区域的点或目标（例如道路等等）。

此外，生长的图案还可以经约束（可随意定义一些生长边界）或限制形成围合的矩形边界，在里面环绕，就像在一个三维圆环上一样（传统的生命游戏情节）。

为了探究任意的限制对生长的影响，我们在最后这组实验中定义了一圈"城墙"，我们发现，这为我们提供了一种填充的实验方式，而且，与无边界实验中在细胞自动机作用下生成的同构形态相比，本实验经历边界处的结合产生的形态更加自然真实。因此，就如同（微不足道的）美容效果一样，边界条件提供了一种源于形态内部的边界区域的差异性。在所有示例中，X/Y（房屋/道路）的相对几率都取 50∶50。

以城门为生长源

图中上下左右的白色斑点是所设置的道路区域，在这四个位置上会生成四个空间系统。没有从中间开始的发展。设置完道路/房屋的几率之后，关于 X/Y 的空间形态就会在自我阻碍中不断生长，知道覆盖整个区域。

以道路与广场为生长源

在区域中添加表示道路的线状元素，这样，生成的表面结构只能从白线附近开始生长，之后不断生长延伸，但其始终比我们所见的萨那城的覆盖面积要小。

以散置点为生长源

图中随机放置的白色斑点表示生长源，没有线状元素或边界条件。这种情况下生长的覆盖面积在尺寸和分布上与萨那的 bostan 是最接近的。

通过研究传统的也门家庭结构及历史发展发现，在一个定居点的最初发展阶段，随着时间的发展会形成一些不相连的家庭露营地。可以将其看做随机散置的生长源，而非从城墙或者市集广场开始的生长。

在除了以散置点为生长源的其他的情形中，生成的菜园面积都比较大。在不断扩大的道路/房屋网络中显得很不相称。

讨论

萨那算法仅要求紧密度及将三种不同状态的集聚发展成为多种形态的能力。很显然 CA 的正交直角网格使街道、房屋的模拟成为可能，所以在近似匹配的现实尺度上，完成得很好。

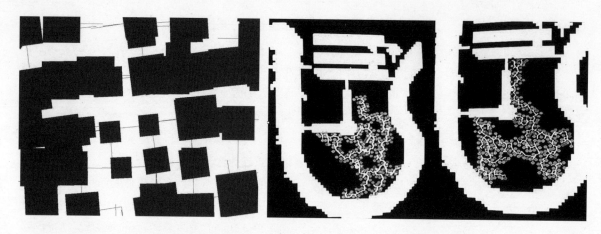

没有网格的 Alpha Syntax 系统呈现的各种形态。

早先用 Pascal/GEM 完成的爱犬岛（Isle of Dogs）形态图片。

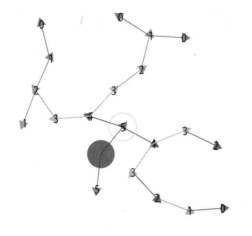

算法的运行（上面的图示是五次递归后的结果）。圆圈中的数表示生成 Y 空间的由内而外的递归层数，因此 5 连着 4，往下依次是 3、2、1、0 等等。当递归运算达到最底端时，返回上一个节点，然后试图由此增加更多的节点而不断扩展，直到遍历完所有的路径，最后返回起始点。在这个算法中，检查平面度会比较困难（生长的网络不会自我交叉），避免在一个已存在的细胞上重复建立新的细胞也比较麻烦。在方格细胞版本的系统中，我们只需要检查某个细胞是否为空，在这里我们必须搜索整个生长模型，检查其上面的节点。在左边的图中，为生成更多种形态，我们允许结构重叠。

一种新的地域性——形态的深层次结构

没有网格的 Alpha Syntax 系统

我们之前介绍的所有空间生成系统都是基于一个标准的方格细胞阵列，每个细胞都有四条边直接与邻居相连，附近共围绕着八个细胞。为生成几何形态约束更少的模型，在此 Alpha Syntax 模型不再使用方格的模式（在 8 位的 Commodore Pet 上用 Pascal 语言编写的。然后将其转移到 Dec 10 上——利物浦理工大学中老的 ICL 的升级版。还有一个在操作系统为 Windows 系统的前身——GEM 的个人计算机上运行的版本（上一页有屏幕截图））。系统没有了方格细胞的限制，不仅能生成更具灵活性的几何图形，还可以生成更大范围的拓扑结构。由于方格没有了垂直的约束，X 和 Y 空间在尺寸上可能会互不相同（小房子，宽道路），房屋和道路的基本组成单元也可以是任意大小。生成的网络结构包括下面两部分：

1. 由最初生长源生成的一个 Y 空间的分支结构树；

2. 许多 X 空间的"叶子"。

系统的工作过程

总的来说，生成的就是一个二维平面内的树型分支结构（没有桥或者地下通道相连）。首先绘制一个圆圈作为源细胞，此圆就是这个开放式空间系统的最初生长源。然后，只要他们能够与一个新的 X 空间（方格）相连就添加一个新的 Y 空间（圆）。空间的角度与尺寸是由特定的系统运行产生的参数确定的。系统一直如此进行，直到达到规定的递归次数或者无法向空间中添加结构为止。

包含 4 种角度，尺寸范围从左边的 1—10 到右边
的 9—10 的各种系统运行结果。

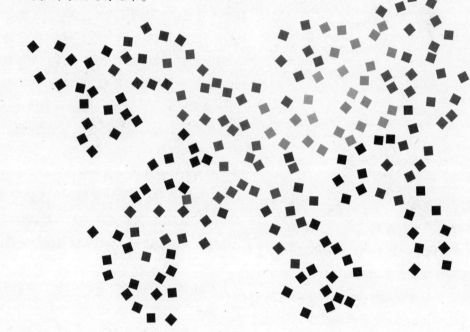

包含 100 种角度，尺寸范围从左边的 1—10 到右
边的 9—10 的各种系统运行结果。

不同几何体和 / 或拓扑结构产生的不同形态结果

此模型共有四个主要参数，这四个参数控制着基本几何图形及生长的空间系统的拓扑结构。

左侧的图例展示了不同参数生成的各种不同的整体结果。最上面那行图共有四种角度（都在90°左右），但 x 空间和 y 空间的尺寸范围却有不同，其中黑色的方格是 x 空间，灰色的圆圈是 y 空间，从左到右尺寸的范围由大到小（左边的尺寸范围是 1—10；右边的是 9—10，都差不多大小）。随着尺寸范围的下降，聚集行为变得更加开放且有扩展性，生成各种不同的开放空间类型和许多圆环和回路，形成一些空间系统中的并联结构。

同样的结果会在低一些的例子中看到，但是这里可能的角度是不受约束的。此时就会生成比你期望的还要自由的结构。

总的来说，大多数空间尺寸相同时，生成的是更趋向于街道形状的结果；尺寸范围越大，生成的空间系统更具多样性，在大多数连通的空间中间会生成各种岛状的建筑群。

中间大图的阴影反映了递归的层次——生长的历史过程，颜色轻表示生成的早，颜色重表示生成晚。这和前面用数字表示递归层次的方式效果是相同的。早期的发展一定是在系统中央，但随着时间的增长，系统的发展还会折返回中央，并通过形态的反馈生成并联形状——发展的历史过程会影响后面的生长图案。

这些纯粹都是些抽象的结果，但我们可以将系统中的结合形状映射成地方定居点中的实际聚集形态。例如，包含的不同尺寸范围表示混合的使用和需求。从这个层面上讲，对系统非常极端的参数设置会生成非常紧凑的系统，这可以用来解释真实世界中的不同尺寸与定居点呈现出的颗粒状形态——正如我们在野外看到的那样。

左侧的图示，作为 Alpha Syntax 模型的一些生成结果，是地域性思想的一种诠释，空间结构的整体形状和尺寸可以视为对人类占据土地空间行为的一种"自然"反应的结果，而且，对于这样的"设计"尝试，其最好结果就是将具体化的思想应用到其中，最差就是经由其他人而非原住民设计生成大量过分简单化且没有差异的房屋。

因此，这里的图像是谁设计的呢？当然是编软件的人，还有选择设计观点并操纵软件生成图像的人。这样实际地域中的定居点就会被参考并塑造成一种过程模型，现在已经被用于仿真输出。设计者的角色转变为定义抽象的聚集原理，以及任何特定的结果，例如左侧所示的图形就体现了如果在真实世界中进行会得到的结果。

用算法的方法，尤其是偏差放大聚集过程的模型塑造，是对虚拟地域结构的一种仿真，在地域中，建筑物会逐渐聚集，形成的各种独特空间结构反映了人们在主题、复杂性和自相似性上的不同观念。

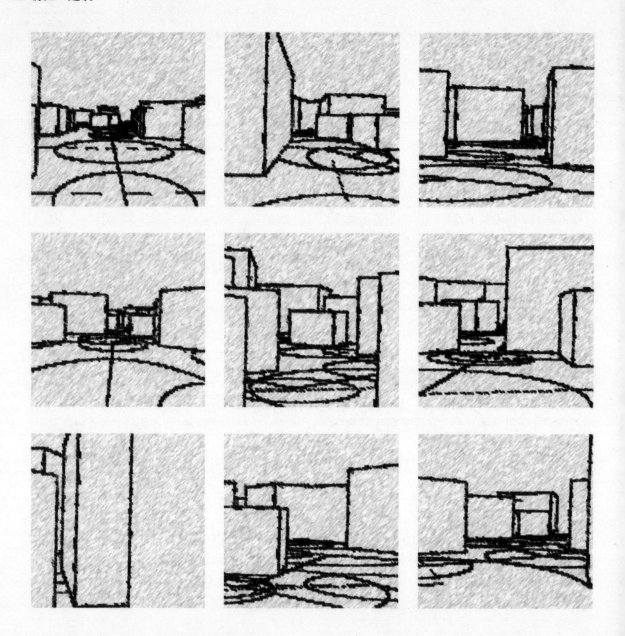

与前面几章中介绍的更具结构性的例子相比，本章主要注重于用算法描述社会中真实存在的空间以及现已消失了十分之九的建筑环境。

左侧展示的生成空间系统图片是 Gordon Cullen 的网址主页，他于 20 世纪 60 年代期间在《Architectural Review》中发表了很多文章，为定义所谓"城市景观"(Townscape)作出了巨大贡献。

空间的特性，不管从宏观上还是微观上，都可以用 Alpha Syntax 聚集模型进行仿真，作出形象化的描述。地上的圆圈是表示 Y 空间的符号，但实际上它只是我们虚构的。

第六章

结语——对描述的再思考

前面的章节一直在着力图表述这样一个思想，那就是生成算法可以为空间组织/形态提供充分的描述。

本书旨在围绕计算机与空间/结构阐述一些问题，并针对我们在第一章从一些最新的方法开始，介绍了分布式表达的结构和方法，自然达成共识的思想。这其中包含了自组织的整体思想，而不至于对形态的含义、信息及几何形状做过分简单化假设。之后，本书又对利用产生式系统和结构进化语法生成结构的经典方法进行了论述。

算法文本自始至终都是本书的主线，它将有关结构和空间组态的许多不同的方法统一到了一起，并为我们提供了一种新的理解方式。

我在本书中强调最多的就是有关模型中观察者的地位，还有在模型建立时避免对观察者的重复定义。Gordon Pask 主张我们必须保证脱离生成结构的模型的认知独立性，也就是说，程序代码并不直接描述我们所见的由许多元素有机组合的图案，而是产生一个基于反馈循环和自反性的生成过程。

我们在书中对蜘蛛、机器人、boids 的讨论是为体现人的意识思维与自然界中某些现象或计算机仿真之间的微妙关系。这种晦涩的问题通常很难思考，但我个人很喜欢去探究一些有关感知的思想，这也是很多富有创造力的人所注重的。关于"Hello World"的论述使我们意识到，作为编程者，我们也参与了计算机的工作。

再回归到具体问题，L 系统的应用与遗传程序设计是为生成能够描述结构的实用语言，丰富了符号描述的含义。最后一章中城市聚集的分布式模型以及两种经典算法的介绍，尤其是 pond slime 模型，都是围绕描述展开的，其中涉及控制学基础及"偏差放大"时的相互因果关系；上述模型还包含了对建筑中最重要的方面——人类在空间系统中的占据和活动的思考。

这些都是为了说明什么呢？

我们并不主张说算法是对结构唯一或是最好的描述，但至少我们认为在图形下面/后面有一些不是数学和等式的东西（描述其过程数学模型的数学符号），而是对结果生成过程的一种好的/恰当的描述。在通用自动符号处理器——图灵机或者"计算机"问世之前，许多先哲都致力于将一个繁杂冗长的观察流程概括为一个简短而精辟的论述，只因为他们当时所能用的只有铅笔和纸。我不是一个数学家，我知道"利用计算机"是真正的数学家们不屑于做的，但他们仍旧需要去塑造动态系统的本质特性。

我必须承认，本书总体定位是结构语言擅长者，部分原因在于本书主要基于 Bill Hillier 的思想，当然还有人工语言及 Chomsky 的结构生成方案模型的应用。上一章中提到的"具体化的深层结构"，因为它将两个老的但有用的项目合并到了一起。在文化长河的漂流中，搁浅在沙滩上的幸存者们一直在追随着众多逻辑实证主义者、构造主义者以及自然结构语言研究者们的脚步不断探索有关建筑的哲学意义。

地域结构部分看似与作者的思想相背，这部分的算法提出了另外一种思想，建筑师作为系统设计者，在设计过程中将空间组织结构定义为反馈系统及图灵机中根据指令的结构生成。这种思想可以追溯到150多年前的实验和设计讨论，正是这些实验和设计讨论的出现使人们逐渐接受了关于形态及其设计的系统思想。

在英国 AA 建筑学院的图书馆中存放着许多 Owen Jones（1809—1874）题为《The Grammar of Ornament》（1856）的书卷。其中字法的应用显然不能与结构语言学家或后现代结构语言学家的语言思想相融合，而只是在过去的两个世纪中一系列人为规定的建筑构造与归类方法。这种维多利亚绅士的语法可以看做一种源于拉丁语法和语法学校的归类方案，其思想是，语法是规定人工语言或人类行为方式的一系列规则。然而，在现代真实的行为中，语法的权威并不是源于历史的风俗，而是其中所讲的37条规则（例如第八条，所有的装饰都应该基于几何构造）。

Owen Jones 表示，读者不应该机械地复制书中的例子，而应该理解包含在37条和图示中的装饰法则，并做出自己的装饰设计。Owen Jones 主张，为使装饰比较美观，装饰应该源于自然（"任何被大众欣赏的装饰风格，都能够在大自然中找到它的影子"）。

本书针对所谓设计方法论的一个方面进行了阐述。设计方法是设计过程的一种显化，使设计过程变得开放、明确。设计教学通常需要平衡好学生的创造性思维和规则、法则的遵循。如果你要建立一个学院，它必须是学术的，并且拥有一套设计理论。没有理论，你可能只得依赖于下面这种传统的方式：

- 继续做一些常规的事情；
- 没有任何改变。

设计方法论并不是建筑师创造的，而是一些工程师和运筹学专家创造的。工程师（广义的）用设计方法来对设计对象的操作进行简要而准确的客观描述，并且将此作为计算项目成本的一种合理依据。最好的设计方法就是用最少的成本获得最优的性能。

对设计性能和成本这两方面我们都要做细致的考虑（一个好的工程师必须清楚对于一个给定设计目标有很多不同的解决方法，成本一般源于环境影响、社会和生活消费等等），但基本思想仍然是选择最优的方案。这在建筑中是一个常见的问题，多种对立的评判标准往往会使最优化问题变得比较复杂。

然而，建筑的产生可以不经由在设计过程中对性能与成本的最优匹配，而只是通过人们在建筑过程中的相互交流产生。随着19世纪工业的飞速发展，形成了许多新的管理方式，泰勒主义就是其中一种"科学管理"方式。

在19世纪90年代宾夕法尼亚的钢铁厂中，生产率逐渐被应用于机器的规划与安排，类比到家庭厨房中就是要减少炊具和水池之间家庭主妇所走的距离。通过空间安排，这种方法展示了对设备或人类活动的最优安排。

将设计视为一种管理

这种设计范例的基础思想是，设计总体上就是进行一系列的矛盾处理然后得到一个解决问题的最优途径。这就是所谓的运筹学（OR）。计算机曾经被视为唯一能够在20世纪40年代以最佳的方式解决这些问题的机器。这种设计观念实质上是从管理者的角度出发的（我们已经知道每一块该怎样做，只是需要思考做事的顺序），但最终我们将它应用到了建筑设计中，因为建筑设计完全可以被视为一种管理任务。这种观点与计算机辅助设计（CAD）及的设计观点是一致的。

设计的逻辑模型

作为计算机辅助建筑设计（CAAD）产业的一部分，并本着使设计方案管理与建筑过程管理总体一致的原则，许多研究者都创造出了自己设计任务之中的 OR 模型。这种关于设计的管理观念主要与设计中许多子任务的结构有关，尽管它能为不善管理者解决一些问题，但它并不直接参与子任务的完成或是决定首要的任务。

将设计视为问题的解决过程

设计方法的原始模型源于自上而下的分析方法，其整体思想就是用人的智力找出问题的解决方法。这种方法是从整个问题开始，将整个问题分解成很多容易解决的小问题，然后按自下而上的顺序将所有小问题解决。这种问题解决方法就是将问题用形式语言进行描述（古典数学），之后问题解决方法就会自动产生。这基本上是一个好的系统，但其前提必须是，所有人都一致将问题本身的含义放在第一位并在怎样测试解决方法上达成统一。早期的人工智能的支持者应用我们称为谓词演算的形式逻辑，其表达形式如下：

Bob is the father of Jim;

Jim is the father of Alice;

And allowed for asking

Is Bob the grandfather of Alice ?

有关建筑学的数学方法方面的权威书籍是 March 和 Steadman 的《The Geometry of Environment》（1970），其中涵盖了很多规划表现方法，还有有关建立枚举模式、对称性以及其他一些内容的定理。在开始尝试任何设计方法之前，当你作为设计者对它们概念化时，你需要确定一种描述各成分的方法。例如，设计方案。设计方案的一个重要特性就是建筑物中各个房间的连接方式。March 和 Steadman 在书中展现了，如果只考虑图形的连接，Frank Lloyd Wright 的基于圆形、正方形、三角形的三种截然不同的方案思想是怎样产生一致的效果的。因此，对 20 世纪 60—70 年代的许多自上而下的设计方法而言，本书的核心理念是必要的基础工作，为我们提供了很多的方法，包括下面的例子。同时，Christopher Alexander 的《A City is Not A Tree：It's a Semi-lattice》（1965）利用网络模拟描述了层级组织和更加分布式的网络之间的区别，以此作为他对自上而下的中央规划和倾向自下而上组织的一种批判。1966 年 Stanford Anderson 在 AA 发表了一次题为"Problem Solving = Problem Worrying"的演讲。他的演说要点就是推翻之后非常流行的将建筑设计视为线性的理性过程的一种观念，也就是从定义问题开始，到找出解决方案结束——得到一个功能与问题表述完全契合的建筑物。事实上，Stanford Anderson 主张，设计过程更像是一个令人担忧的"问题"，在其中我们需要做一些循环定义问题、求部分解、再定义的工作。这是因为：

- 我们不可能定义出所要解决的建筑对象的所有问题。
- （过程中的）实际形态的产生会对最初的问题表述产生一个反馈作用，因为任何提案都可能会产生我们最初意想不到的结果。

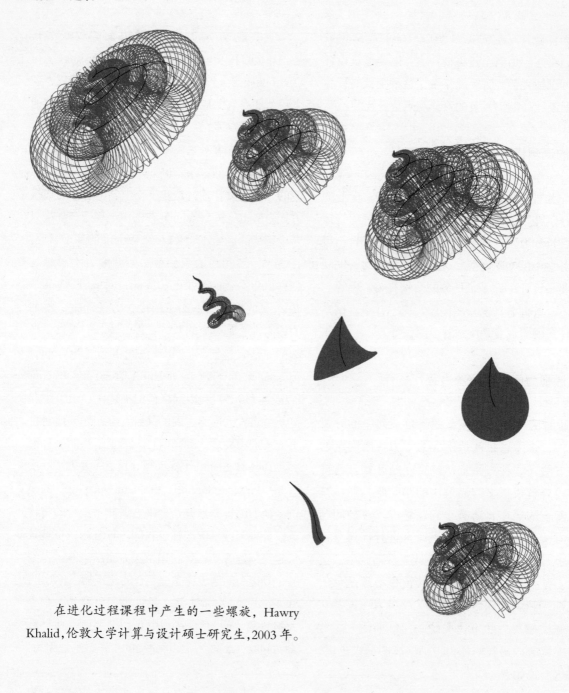

在进化过程课程中产生的一些螺旋，Hawry
Khalid,伦敦大学计算与设计硕士研究生,2003 年。

结构与程序相得益彰

证明这种方法缺陷的一个早期解决问题的例子就是 20 世纪 60 年代末的自动规划软件（用 Fortran 开发，存储在许多穿孔卡片上进行发布的）。其算法如下：

1. 对所要设计的建筑物，在所有房间（用一种更抽象的描述就是"活动"）之间建立一个关系表。

2. 在（空白的）表格中填入一个代表两个活动之间所要求的联系强度的数。

3. 交换表格的行与列对表格进行重新排列，直到有关表中所有对角线上的数值的计算达到最小值。

4. 当变化的矩阵/表确定之后，读取关系表你会发现，重新安排后的空间/活动指标是根据关系最优的原则，按照从中间向外的顺序排布的。

5. 按照从中间向外的顺序进行处理，并考虑空间的实际尺寸设计作出规划安排。

现在问题是这种方案非常依赖表格循环运转和生成空间之间的关系的定义方式。如果将这种关系定义得过于明显（循环与所有东西都产生关联），循环就会发生中止，这样就会很麻烦，因为它无法产生一种建筑生成方式。另一方面，对于建筑设计者而言，规划并不是一件困难的事情。上述方案中用到了很多巧妙地方法，例如多样矩阵、分选和排列算法等。这种方案受到了电路板设计者的青睐，并且已经成为了一种标准的应用方法，但建筑师在设计过程（建造方式、空间类型、居住模式）中有很多工具可以应用，他们认为这种结果是没有帮助的。实际上，电路排布和建筑规划之间的区别就是明确而具体的工程约束及目的（对所有元素都进行了定义，线路连接都有预先定义，目标就是尽量减少导线的长度，此外就没有其他要求了）与目标模糊的建筑设计之间的区别。

归纳法的缺点

Anderson 指出，像第四章所介绍的建筑优化操作就是归纳的例子（与上面介绍的逻辑程序中目标搜索的方法相对应）。归纳法从大量的事实或者观察开始，得出某些普遍的综合组织法则。这种推理方法（与演绎法相对）基于严格地科学归纳的或"显然的"逻辑。他将所有的设计方法都看做一种"调整"形式，一种减少设计者工作量的方法，这是通过将问题分解为一个经检查可以调整出"好的解决方案"的检查表实现的。

在调整过程中，第一次的调整方法是明确定义的，而第二次调整方法是归纳的，力图仔细地定义问题以有一个判断问题解决方案的固定标准。

这样整个方法就存在两方面的不足：

1. 归纳理论的常见问题：在寻求调整时无法确定是否已经有了充分的归纳所需的数据，或是用以对照的数据。

2. 对设计创造过程进行了人为的简化，以使其更加系统化，而且其结果可以根据最初的描述进行调整。

这样，尽管原始的声明是人为的，但它很难和新的问题情境保持一致。

自然（模拟）计算

有一些不使用计算机的归纳形态系统的例子，最著名的就是 Frei Otto（研究轻型建筑结构的斯图加特协会）的设计，他的生成系统利用的是自然物质（绳子、胶水、水、肥皂、薄膜、地心引力）和其他"计算"最优形状的外力。Gaudi 用来计算圣家族大教堂斜柱的角度和穹顶的倒立悬链线模型就是一个很好的"自然计算"的例子。

自然计算在过去发挥着不可或缺的作用，因为设计者在实验中能够用它做一些砂桩、皂泡、重力与拉力相互联系的系统中的大量并行计算。随着细胞自动机这种新的计算模型的出现，自然世界可以被看做并行运算的一种生成结果。这是基于一种新的认识论的观察世界的新视角。

计算机的应用使人们感受到了归纳法的不足之处，利用计算机"通过各种推测与批判发现结构"，Stanford 引自 William Bartley 的作品中的句子。这样，计算机通过试错探索空间问题，这种非归纳法模型直接产生进化算法的过程以及自然过程的模拟。这种自然的生存法则可以概括为："下次幸运一点"。

本书中示范了很多这种进化的、人工生命的问题解决方法，这种方法最好用计算机来完成。第二章介绍的细胞自动机的例子概括了总体工作机制。这种新的看待问题的方法的一个很好的例子就是上面桥体上的图案。这种不同尺寸的三角形重复形成图案组织的区域在一定程度上与一维细胞自动机（Wolfram, 2002）运行生成的结果相似。一维细胞自动机包含一行能够在纸上扩展的细胞（白色或黑色）。其规则是，这一行中的每个细胞都检查自身两边的细胞，来决定自己变成什么颜色。生成的下一代画在当前运行的下面，这样各代的黑色或白色的细胞就会成行的依次画在纸上。大约 256 条规则运行过后，壳体上的图案就生成了。通过一维细胞自动机模拟的某种扩散过程，壳体上的图案边缘会生成一行新的细胞。这种系统也可以根据非线性联立方程的复杂系统进行塑造，而且学术论文中通常用这种方式，但

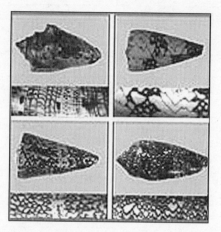

壳体的图形

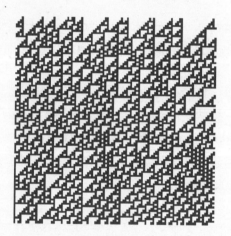

NetLogo 生成的 1D CA

细胞自动机看上去更加自然且简单易懂。然而，传统的数学方法依然有重要的学术地位，优先于一些简单的解释，这也是阴魂不散的维多利亚数学仍然发挥作用的又一个例证。

并行方法使我们能够探索有许多事情同时发生的真实世界，尤其是我们能观察到的、有形的物质世界。进行这种实验可以为我们提供一种观察许多个体动作影响的机制，当这些个体并行活动时，展示一些看上去整体定义的观测结果，也就是说，他们可以被我们的感知系统识别为"有趣的"或者有图案的。

问题是，在自然世界中很少有简单线性形态过程产生的那种结构／形状（Dawkins，1996）。与此相反，它们似乎全都是复杂过程的产生结果。这并不令人感到惊奇，因为世界就是由很多事物构成的，这些事物总在相互影响，通过各种事物之间的相互联系形成各种各样的形态结构。

换句话说，我们设计和制作图形的方式大多都是非自然的，因为它基于"每次只做一件事"的工作方式。冯诺依曼计算机就与我们的线性思维方式（因为我们的大脑不能在一个时刻思考多件事情，或至少意识到我们在思考，由于我们的思维过程实际上就是大脑中数十亿的神经细胞并行活动的生成特性）相似，每次只能做一件事情。所以我们很难想象用计算机同时去塑造、复制、检测和试验我们周围存在的所有正在发生的并行形态。

随着计算机的发展，我们可能能够创造一种虚拟的并行机器来进行并行形态实验。为了做到这些，我们必须从整体到局部重新整理我们的思维，并定义一种虚拟世界中的推动这个过程的算法。值得我们庆幸的是，尽管有很多过程在同时进行，但这些过程都是相同的。这在前两章中已经讨论过了，在这里要充分说明的关键内容是，尽管这种系统是由很多并行执行的相似程序构成的，但每个程序都与其他的有着不同的关联。即使是只处理当前邻居的系统，如果最初的建立包含任何不规则，那么每个个体的邻居也会不同。同样从下面看的视野可能是统一的，但从上面看时就是全局。我们思考一下足球场中的人潮，所有的人都在做同样的事情，那就是特别多的人都在挥手，每个人周围的人都在做着同样的事情。然而，从运动场的另一侧观察，就好像有一个手组成的大波浪沿着看台移动——这是全局观察者所能看见的局部过程产生的全局结果，在看台上的人是看不到的。

将设计视为检索

这种方法的一般情况就是将设计概念化为一种尝试过程，直到得到满足设计要求的结果为止（任何方式定义的）。这种方法存在一个基本假设，就是你在过程中会发现一个好的解决方案，否则这个过程就一文不值。为了能够从一个不太好的解决方案得到一个更好一些的方案，我们有必要对设计过程中的操作做正式的定义。如果这些操作可以列举出来，我们就可以将它们视为一些过程的参数（像数字或其他可以列举的类型），这样这种检索就可以被视为数学空间中的一种旅程，其空间维数与问题参数的数目是相同的。维数大于三的空间观察起来就很困难了，但毕竟这是一种象征。这种空间与真实空间的主要共同点就是问题维数的增加会导致检索空间的几何尺寸增加。应用自动检索算法（用计算机处理空间）可以加快检索速度，但这样除了问题本身以外还需要一些其他的技术，以在有限的时间内得出有用的结果。

如果将设计任务的维数看做预先存在的可能设计结果的位置，那我们怎样将它们找出来呢？

枚举

20世纪70年代，在英国剑桥大学中有一些研究者从事一系列的有关矩形棋盘花纹的枚举研究，这是由不同比例的矩形组成的传统平面布置图形，它遵循任意的（基本的，不要太长或太细）规则并能够组成简单的矩形平面。显然，这种结构在原则上是为简单房屋设计的，其基本思想就是用计算机探究任何的可能性以期能够发现"一些有趣的东西"。但这种有趣的／恰当的规划会被人们忽略，因为他们没有时间去探究所有可能的组合方式。如果有九个房间需要生成各种各样的结果，问题解决方法的数目就会指数性增长。

这种算法会用到许多关键描述，在上面介绍 Steadman 和 March 的时候提到过——网络模拟主要是用图形表示建筑物中房间之间的联系，在空间规划算法中也有应用。穷举搜索的基本问题是它会产生很多的例子，而且会生成大量的需要分析的解决方案——又一件非常麻烦的事。

为减少可能的解决方案的数目，我们需要定义更高阶的形容组合方式的句法来淘汰那些不可能的组合结果。这种"形状语法"可以通过剔除不符合语法规则的方案来减少产生的方案数目，然后只发展通过的那些方案。William Fawcett 在他的《Architecture：A Formal Approach》（1990）一书中展现了限制语法怎样被用于生成更小范围的可能的设计结果，第四章遗传程序设计部分试图指出，这种方法可以通过使用从人为设定规则到生成规则被进一步抽象。

并行检索

正如在前面对自然计算和数位等效的讨论中指出的，形态发生通常是（自然世界中）许多并行计算的累积影响产生的结果。尽管这种现象已经被表示成了一些结论或者其他，但还需要对其进一步提炼以使其能够检索包含所有可能设计的空间。重要的是，每个处理程序必须在整个工作的划分方式上与其他处理程序保持一致，问题是从当前的随机检索开始的，然后检测每个个体的运行情况，之后再随机地使所有个体开始运行。当然，这就是进化算法。它减少了解决问题所需要的时间，许多的并行程序快速集中到检索空间的某个部分，一致地忽略空间中的其他区域。进化算法也具有所有优化程序中普遍存在的问题，

必须定义适应度函数——决定进化过程中每一代的幸存个体。

对于所有的设计空间检索算法，有两个需要做的决定，每个决定都会限制这种方法的应用。检索空间的维数取决于问题中参数的数量，还有适应度函数所决定的各维的方向。在《Climbing Mount Improbable》中，Richard Dawkins 将界面作为一个简单的三参数系统的例子，定义出一个三维的检索空间（用三维图形能够很方便地展示）。其基本机制就像是一个螺旋生长的管，其参数为 flare（螺旋膨胀率）、spire（在与回转面垂直的方向上的延伸度）和 verm（管的增长尺寸）。

有趣的是，"界面设计空间"中并不是所有的位置都被占据，阴影区域代表界面的主要部分，但在真实世界中，设计结果是由特定材料构成的，有些组合可能太脆弱、笨重或是对房子／结构不好。

将设计视为一种生成现象

两种观察设计效果的方式可以概括为"自上而下"和"自下而上"。标准的问题解决主要应用自下而上的方法。应用自上而下的方法的前提是我们必须了解整个问题，然后分析出它的组成元素；应用自下而上的方法的前提是我们必须能够定义出问题的更低层次的组成元素，我们只是不知道怎样将它们进行组合构成解决方案。

真正的自下而上的方法不仅将设计视为检索空间内并行进化的检索结果，还视为一个实际构造契合设计要求的新的检索空间的创造性过程。

用计算机探索生成结构还有一个优势，那就是为了建立形态系统，你需要用一种形式化语言对其进行定义（定义一个算法），描述出模型的结果和含义（使自动执行的编程变的方便）。形式化语言在模型塑造中的这种应用为有关结构和

形状的理论发展奠定了基础，这种方法比传统的没有章法的艺术历史方法有更广的应用，因为所有的基本假设都可以清晰地列出来，不像传统的方法和 19 世纪的创造思想那样不明显。

因此可以概括为：

> 本书中的生成模型实质上是用于形成实心与空心的空间组织图案；最基本的情况就是纸上的一条线，抑或屏幕上的一个标记。

本书要表达的是：

> 走廊 / 村庄 /dom-ino house 这些全都是程序运行的结果。

这就是 Marvin Minsky 所说的验证理论的程序与描述理论本身的程序之间的区别。

在聚居的例子（城市空间系统）中，自从 20 年前伦敦大学学院做了最初的生成研究以来，这种区别就了然于世了。后来产生的"空间句法"是衡量和对比实际空间生成模型输出结果的工具的发展，可以用来衡量真实世界中的空间。

因此，我们通过编程来分析空间，带领很多博士研究生来发展衡量工具，并且还建立了很多的示例。这些工作之后，我们可以说已经"证明"空间分析为我们提供了一种预测空间中的人的行为的方式。

然而，生成模型可以用于形成空间组织图案的最初思想在这种情况下就没有体现了——程序代码只是在检验，并没有描述上述理论。

程序代码是怎样描述图案的呢？它并不是像我们观察输出结果那样，首先看到一个整体形状然后进行测量（看起来像一个"珍珠环"，就像 Hillier 喜好对 Alpha 句法模型描述的那样）。它

是对过程的描述，通常是一个很简单的过程。正如我们力图说明的，程序代码是与结果独立的（认知自主性思想）——它不知道将会产生什么，就像生物组织中的 DNA 不知道他将生长出两条腿一样。（还有我们大脑中的神经元细胞不知道我们在想什么！）分布式表达的意思是，程序并不是对图案的任何地方都进行定义，而是每个地方都有可能定义。

考虑到建筑及其与人类居住的关系，尤其是村庄和总体聚集形态，我们可以在居住者和 / 或其他人员的并行行为与程序代码描述的基本形态产生过程之间建立一种映射。遗传程序设计和 L 系统在本书中用于展示程序文本怎样描述一种有关形态产生的直接的符号方法，这是一个较早的人工智能的范例，要与人工生命中聚集扩散的形态产生等模型区分开来。

其标准方法如下：

> 我们可能会说"走廊是什么？""村庄是什么？"或者"我们怎样才能理解这些或者建筑是怎样的？"然后我们去衡量这些东西，例如，我们会说——走廊是 X 方向上的空间组成部分。

Kramer 和 Kunze（2005）在未发表的论文中提出，应用进化算法，用基于可适度和可达条件的适应度函数进行检验，根据设计指标设定特定的规则，他们能生成很多空间组织，像走廊、庭院及其他的形态。他们的导师，一位建筑师，想进一步扩展这种思考——为什么和怎样这些可以被解释？——这些是怎样"看起来像"走廊的？——它们是真的走廊还是只是纸上的图画？等等。

在这种情况下，这种讨论是一种无限循环，通过质疑所有的描述方式，从现象学角度，联系

历史和社会——我们可以永远继续下去，永不停止。但它毕竟只是个图案！因此，为了避免这种情况，我们只说走廊是一个通过对墙和裂缝的生成过程设定参数后运行程序所产生的图案。

因此，走廊是一个满足整体可达与可视条件的特定平衡的产生结果，这是一个形成线形图的生成算法的综合结果。

最终应对计算机在建筑学中进行重新定位，我们对计算机的认识不应该再是"看上去没有手，我不知道任何有关编程的知识，但我知道我想要怎样"，而应该对理解这种新的工具感兴趣（就像 Alan Kay 所说的，对计算机要既能会读，又能会写）。我们应该去努力地理解这种新的说法的含义，理解在建筑设计过程中程序代码起到了怎样的作用。

建筑师要想成为系统设计者，他们就需要用算法的方式思考，通过提出一种算法，观察其运行产生的结果形成自己的思维。本书认为，当你用现成的应用系统能够做到这点时，你应该去尝试真正的创造性的工作，就是用算法语言去定义一种算法。我们越接近机器本身，我们就有更多的自由。计算机语言的历史一直处在机器语言与高级语言之间的不断平衡中，在机器代码（面向真正的专家和一些自作自受的偏好者）中编程是完全自由的，而高级语言应用更轻松，但有一定的局限性。要想为建筑系统定义一个真正有用的折中方案我们还需要去深入学习，但这是未来在计算和设计之间最有趣的工作。

参考文献

Alexander, C. (1965) 'A City is not a Tree'. *Architectural Forum*, 122, No. 1.

Alexander, C. (1974) *Notes on the Synthesis of Form*. Cambridge, MA: Harvard University Press.

Anderson, S. (1966) *Problem-Solving and Problem-Worrying*. Architectural Association (private communication).

Angeline, P. J. (1994) *Genetic Programming and Emergent Intelligence*. Cambridge, MA: MIT Press.

Bertalanffy, L. von (1971) *General System Theory Foundation Development Application*. London: Allen Lane.

Boden, M. (1996) *The Philosophy of Artificial Life*. Oxford and New York: Oxford University Press.

Boden, M. (1977) *Artificial Intelligence and Natural Man*. New York : Basic Books.

Broughton, T., Tan, A. and Coates, P. S. (1997) The Use of Genetic Programming in Exploring 3D Design Worlds. In Junge, R. (ed.) *CAAD Futures*. Kluwer Academic Publishers.

Casti, J. (1992) *Reality Rules II*. John Wiley & Sons Inc.

Chomsky, N. (1957) *Syntactic Structures*. The Hague: Mouton.

Coates, P. S. (1999) *The use of Genetic Programming for Applications in the Field of Spatial Composition*. In the Proceedings of the Generative Art Conference, Milan.

Coates, P. S. and Frazer, J. (1982) *PAD Low Cost CAD for Microprocessors*. Eurographics 1982.

Coates, P. S. and Jackson, H. (1998) *Evolutionary Models of Space*. Proceedings of Eurographics UK, Leeds.

Coates, P. S. and Jackson, H. (1998) *Evolving Spatial Configurations*. Eurographics 98 ICST. London.

Coates, P. S. and Makris, D. (1999) *Genetic Programming and Spatial Morphogenesis*. Proceedings of the AISB conference on creative evolutionary systems, Edinburgh. Society for the Study of Artificial Intelligence and Simulation of Behaviour, Sussex University, Department of Cognitive Science.

Coates, P. S, Jackson, H. and Broughton, T. (1961) Chapter 14 in Bentley, P. (ed.) *Creative Design By Computers*. San Francisco: Morgan Kaufmann publishers.

Cullen, G. (1961) *The Concise Townscape*. Architectural Press.

Dawkins, R. (1996) *Climbing Mount Improbable*. New York: Norton.

Dawkins, R. (1987) *The Evolution of Evolvability*. Artificial Life Proceedings of the Interdisciplinary Workshop on the Synthesis and Simulation of Living Systems (ALIFE '87), Los Alamos, NM, USA. pp. 201–220.

Foerster, Heinz von (1984) 'On Constructing a Reality': Lesson on Constructivism and 2nd Order Cybernetics. In *Observing Systems*. Blackburn, Virginia: Intersystems Publications.

Forester, H. and Zop, G. W. Jr (eds) (1962) *Principles of the Self-organizing System*. Pergamon Press.

Hillier, W. (1996) *Space is the Machine*. Cambridge University Press.

Hillier, W. and Hanson, J. (1982) *The Social Logic of Space*. Cambridge University Press.

Hofstadter, D. (1979) *Goedel Escher Bach*. Basic Books.

Hofstadter, D. (1995) *MetaMagical Themas*. Basic Books.

Kay, A. C. (1993) *The Early History of Smalltalk*. New Media Reader. ACM SIGPLAN Notices. Volume 28, No. 3.

Koza, J. R (1992) *Genetic Programming: On the Programming of Computers by Means of Natural Selection*. Cambridge, MA: Harvard University Press.

Lynch, K. (1960) *The Image of the City*. MIT Press.

March, L. and Steadman, P. (1971) The Geometry of Environment. Methuen.

Miranda, P. (2000) *Swarm Intelligence*. In the Proceedings of the Generative Art Conference, Milan.

Maturana, H. (1978) Biology of Language: The Epistemology of Reality. In Miller and Lenneberg, *Psychology and Biology of Language and Thought: Essays in Honor of Eric Lenneberg*, New York: Academic Press.

McCarthy, J. (1978) *History of Lisp*. Stanford University 1979.

Onions, C. T. *Oxford English Dictionary*. Oxford University Press.

Papert, S. (1980) *Mindstorms: Children, Computers and Powerful Ideas*. Brighton: Harvester Press.

Pask ,G. (1976) *Conversation Theory: Applications, Education and Epistemology*. Elsevier.

Pask, G. (1968) *An Approach to Cybernetics*. London: Radius Books.

Piaget, J. and Inhelder, B. (1956) *The Child's Conception of Space*. London: Humanities Press.

Resnick, M. (1994) *Turtles, Termites and Traffic Jams*. MIT.

Schroeder, M. (1991) *Fractals, Chaos, Power Laws: Minutes from an Infinite Paradise*. W. H. Freeman & Co.

Snow, C. P. (1959) *The Two Cultures and the Scientific Revolution*. Cambridge University Press.

Varanda, F. (1982) *The Art of Building in Yemen*. MIT Press.

Weiscrantz, L. and Cowley, A. (1999) *Blind Sight*. City University.

Walter, W. Gray (1951) An Imitation of Life. *Scientific American*.

Wolfram, S. (2002) *A New Kind of Science*. Champaign, IL: Wolfram Media Inc.

专业术语表及其索引

本书的专业术语表及其索引也可在下面的网站中获得：

http://uelceca.net/Index_and_glossary.htm

可以用 Google 或 Wikipedia 等搜索引擎搜索网页，然后在搜索结果中登录上面的网站。

AdA
29

Lovelace 伯爵夫人，诗人拜伦唯一的女儿，19 世纪中期的数学家，曾与 Babbage 一起研究他的第一台机器原型——计算机（差分机）。她被誉为世界上第一个程序分析者，因此，她的名字被用来命名一种计算机语言——AdA 语言，美国国防部的一个学会创造的一种语言，一直都有着广泛的应用。

地址（Addresses）
3，41，55，57，61

计算机内存是由很多分离的不同位置的存储块组成的，内存中只能存储二进制数，内存中每个位置都有一个地址（就像房子，从 0 号到 1 号、2 号等等）。在图灵机中，这些位置中可以存储程序和数据，也可以存储其他位置的地址。这就像在你厨房桌子上有一个通讯录，这是在你的地址中，但它里面包含了你所有朋友的地址（指向他们，也就是指针）

代理人程序（Agent）
17，47，88，89，124

在计算机术语中，Agent 是一个自主运算单元。一段能够运算自己的数据并自己决定怎样去做的程序代码。参见海龟部分。

凝聚的（Agglomerative）
33，124，125，129，137，139，155，167

无序地凝聚在一起。在一些生长过程中，某种形态的缓慢发展形式。例如 Alpha Syntax 模型以及一些其他的有限扩散凝聚模型（DLA）。

AI（或 GOFAI- 有效的老式人工智能）——人工智能
6，26，27，51，53，56，63，161，167

计算机具有智能思维的思想，其产生与 MIT 及 20 世纪 50 年代末 Newell 和 Simon 编写的一个 LISP 程序紧密相关。值得称道的是，早期的先哲们在 von Neumann 发明计算机后不久就开始思考这种"庞大的大脑"了（之所以说是庞大的大脑，是因为当时计算机体形非常大）

AL- 人工生命（Artificial Life）
51，80，87，164，167

与本书有关的另一个方面，源自早期控制理论研究者的工作，是关于智能和基于自然方法的感知进化系统与其他一些遵从自下而上原理的有用行为方式的问题方法。AL 与遗传程序设计、代理人程序、细胞自动机和其他分布式表达紧密相关。

Alpha
123，124，129，139，140，141，143，147，149，152，153，155，157，167

在 Bill Hillier 的 Alpha Syntax 模型中。是对简单空间结构的一系列理论描述，应用于描述未规划结构。它是在 1978 年与其他一些句法一起在文章中提出来的。本书对用含有 Alpha 句法的程序生成结构做了系统的讲述。

Alexander, Christopher

161

Christopher Alexander 从系统的角度写了很多关于设计理论的书。《Synthesis of Form》的注解中引入了"自然"设计的思想，就像地域的发展一样。他为形态算法的发展作出了巨大的贡献。他后期的工作，包括模式语言，是一个标准的系统设计方法的早期示例。他最终否定了数学的方法。

算法/算法集（Algorithm/algorithms）

1—3，6，9，11，13，15，21，23，29，33，38，41，43，45，47，49，51，53，56，57，59，61，63，70，71，73，80，89，93，95，97，99，101，105，108，109，111，113，115，119，123—127，129—133，137，139，141，148，151，153，155，157，159，160，163—168

贯穿本书的知识。其名字源于阿拉伯语，就像在代数中，前缀 Al 就等同于"the"。算法通常是用于解决问题的一系列指令集合。其问题是许多算法（通常被称为启发式）不能正式停止，或者停止时产生一个"足够好的"结果，就像在进化算法中那样。在本书中，算法就是指计算机的程序代码文本，而不是通用的配方。

等位基因（Allele）

99

等位基因是基因序列中的一小块。在遗传算法部分提到的，每个等位基因通常代表发展过程中的一个参数，例如高度、曲率、颜色等等。

模拟（Analogue）

164

通常用于计算机中与"数字模式"进行区分，模拟机器由对所塑造系统而言是"模拟的"的电路组成，例如电阻器和旋转圆盘——在电子学问世前完全是一个机电元器件的世界。从更广的意义上讲，它可以有一些"正常"的应用，因此一个算盘就是一个模拟计算机，Gaudi 的重力作用的悬链线模型（参见 Gaudi）就是一个模拟载荷分配模型。美国人将其读作"analog"。

APL

29

一种程序设计语言。创立于 1957 年，IBM 公司在 20 世纪 60 年代应用过。它提供了一种先进的标记法，完全用矩阵操作而非当时大多数语言所用的简单的变量或变量数组的运算。IBM 制作的球形字头特殊电动打字机就能够打印矩阵。现在它仍在应用，但已经是古董级的东西了。

建筑电讯派（Archigram）

123

是在 20 世纪 60 年代主要活跃在建筑协会的一群年轻建筑师，其成员包括 Peter Cook、Ron Herron、David Greene Mike Web 和其他一些人。他们在当时发表了一些小册子，还在《Architectural Design》杂志上发表了一系列文章。现在 Archigram 已经成为了一个机构，他们最近发表了《Architecture Without Architecture》，并获得了 RIBA 奖章。

Ashby

124，137

Ross Ashby 是一位英国控制论专家，他发明了必要的多样性定律，并建立了第一台自组织机器——同态调节器。在 Pickering 的论文《Cybernetics and the Mangle》中的 Ashy 和 Beer 部分中对其有很好的介绍。

AutoLISP

66，77，111

嵌入 AutoCAD 的一个 LISP 插件，在很多递归例子中有其应用。

Autopoeticists

39

自创生（希腊语），或者"自制"（self-making）是墨西哥生物学家 Maturana 提出来的。他推动了结构耦合的发展并信奉感知的哲学思想，并将其看做置身于真实世界中的自然结果。他广受计算机（Alife）专家的欢迎，因为他的理论可以应用于建立用户和环境的简单反馈系统，有助于人们对空间组织模型（一种自下而上的智能方法）的理解。

定理（Axioms）

54, 111

通常在逻辑上，一组给定的基本原理来证明定理。在本文中，是初始的符号串，用于启动生产系统和说明如何使用 L- 系统。

地方行政区（Barrio）

123

在自由定居的一个例子（未规划建筑）中提到的。其名字来源于南美洲。

Bertalanffy

169

Karl Ludwig von Bertalanffy（1901 年 9 月 19 日出生于奥地利维也纳；1972 年 6 月 12 日在美国纽约去世）。系统理论的创始人。他认为，尽管每个科学领域都有其专门的方法，但有一些可以将他们统一起来的东西，那就是有关部分的集合元素之间的关系的一般数学方法。随着这种思想应用到混杂的近代科学之中，例如新产生的社会科学和语言学，通过将它们统一视为物理的"大"男孩和女孩，这种统一思想巩固了那些新科学的地位（甚至是霸权）。

双边的（Bilateral）

111

两边的。在形态中表示轴对称。这种性质在脊椎动物的手臂，翅膀等身体部位有很好的体现。

生物形态（Biomorph）

Dawkins 提出的术语，关于其程序生成的一些小图案线条，也是程序名称。

盲视（Blind sight）

80

这是一种很奇怪的现象，人能够"看见"东西在哪但不会在意识中形成画面。当人的大脑遭受损伤时，他们会认为自己失明了，但他们通常能通过本能的"猜测"或信赖完成一些需要用眼睛看的任务。这说明存在一个原始的非自反驱使我们的身体，作为一个前导，将我们看到的图像投射到大脑中。

Boden

82

Margaret Boden，英国 AI/AL 专家，一直以来，她的《Artificial Intelligence and Natural Man》都是一本对我们很有用处的入门教材。她还写过有关创造力方面的书籍。

主体规划（Body Plan）

94, 95, 101, 105, 111

Dawkins 在 他 的 论 文 "The Evolution of Evolvability" 中提出来的。这是一个非常有用的概念，因为它的思想内容是，参数化的形态结构可以经过进化得到很多有用的形状。它能够解释寒武纪大爆发，一旦左右对称型和细胞分裂在大自然中发挥作用，就会很容易大量生产出很多类型的软体动物和早期的蠕虫等等。

Bohr, Niels

13

Niels Bohr 根据原子中不同能级间的能量跃变定义了原子的特性。在本书第一章中作为多环 NetLogo 模型的类比被提到。

Boids

89, 91, 159

Craig Reynold 虚拟出来的鸟，用于描述群系统。这是生成的一种虚拟描述，是与智能对应的人工生命发展的一部分。这种简单的并行分布算法将"鸟"群随机散置的状态变为有序的状态，表达了自组织的思想。

导引程序 / 载入程序（Bootstrapping）

3, 54, 55

通电之后，用来使计算机进入工作状态的程序（它的载入由自身的导引程序完成）。当然，按牛顿运动定律来说这是不可能的，但一台信息机器是很有可能做到的。

自下而上（Bottom-up）

21, 123, 161, 167

自上而下的反义词，其思想就是在研究现象时，先从其最简单的组成元素开始，根据它们的关系生成总体结构，是生成思想的一部分。参考自上而下的含义。

增殖（Breeding）

93, 99, 102, 108, 111, 113, 115, 119

农学和植物学中的一个术语，在遗传算法部分提到的。在本书中是形容将所选个体的基因合并产生新基因的机制。

Broadbent, Geoffrey

113

英国学者、建筑理论家。他的著作《Design in Architecture》（1978）和《A Plain Man's Guide to Semiotics》被视为数十年来建筑理论的基础。

漏洞（Bug）

27, 31

程序中的术语，表示程序错误。其名字来源于普林斯顿大学中世界第一台电子计算机 ENIAC 真空管中的一只小虫子（第一代计算机是由很多真空管组成的，有只小虫子钻进了发光的真空管，使计算机出现故障）。

布里丹之驴（Buridan's Ass）

84

在面对两个同等诱惑力的选择时左右为难的经典描述。Grey Walter 在讲述 Elmer 和 Elsie 这两个机器人不会受困于此类问题时提到的。

Chomsky, Noam

2, 3, 6, 27, 111, 113, 160

在本书中提到 Noam Chomsky 是因为他定义了标准的递归语法，推动了标准语法和产生式系统的发展。参见 Dom-ino house 示例。

染色体（Chromosome）

95, 99

一组完整的遗传物质。在遗传算法中（本书中），每个个体只有一个由很多等位基因组成的染色体。

Cobol

29

面向商业的通用语言，与 FORTRAN 语言一样，都是出现在 20 世纪 50 年代末。被应用于数据存储和支付业务等等。

代码（Code）

3, 7, 9, 15, 17, 21, 23, 25, 29, 33, 41, 45, 55, 57, 63, 73, 79, 85, 93, 95, 97, 101, 105, 107, 112, 113, 117, 121, 125, 131, 132, 135, 159, 167, 168

整本书都在讨论的东西。代码是一种文献，我们应该学会阅读！

Commodore

153

一种的早期的 8 位微处理器计算机。它的 CPU 和苹果的 Apple Ⅱ 一样都是 Motorola 6502。Commodore 早就被人遗忘了，但苹果计算机现在依然在生产之中。

编译器（Compiler）

3, 77

把人类可读的语言（高级语言）翻译成机器可读的语言（机器语言）。

复杂/复杂度（Complex/complexity）

11, 13, 15, 29, 37, 41, 43, 47, 49, 51, 61, 68, 71, 73, 75, 83-85, 87, 93, 113, 115, 117, 119, 121, 123, 125, 129, 131, 132, 137, 165

要与复杂性（complicatedness）区分开，复杂度（complexity）是指由很少的元素可以组合成很多种不同的有用结果。特别是，结果并不是在系统中原本就存在的，而是系统启动后在运行过程中生成的。本书中所讲的是复杂度。

条件语句（Conditional）

3, 10, 31

计算机科学术语，用于判断内容的是与否，然后根据条件执行相应的代码。

鸟群从无序杂乱状态到协调一致状态的结构生成过程。由于群描述的最好方式是自组织原理而非某些整体的几何形态，这是一个很好的自下而上原理的范例。

Hofstadter, Douglas

62, 63

他在 1978 年著有《Gödel Escher Bach》一书——书中对人工智能、LISP 及递归都做了很好的介绍。参见 GEB。

Holland

99

他创造了遗传算法——参见 Goldberg。

html

3

超文本标记语言——参见超文本。

超文本（Hypertext）

3

超文本这个名词是由 Ted Nelson，一位计算机科学的先驱者（曾著有《Computer Lib》一书）在 20 世纪 70 年代创造的。超文本中的"超"的含义是指超文本比普通文本更加高级，因为在超文本中每一项都以某种智能的方式建立，意思是，每一项都与其他项有某种连接。在 40 年前这是一种革命性的思想，之后很多年一度被人们遗忘了，但现在已经被用于建立万维网中。Nelson 曾很多年都在致力于推广这种新思想，现在这已经如同呼吸一样普遍和理所当然了。

归纳法（Inductive）

163, 164

基于大量的观察提出某些内容，与根据作为前提的一个真命题得出结论的方式（演绎法）相对。归纳法是基于多次仿真和其他有关计算机的方法来建立某种理论，正如本书中展现的那样。

实体化（Instantiation）

13

将某种东西变为客观存在的事物，例如由基因型生成表现型或者其他生成过程。

同位（Isospatial）

109, 110

十二面的纤维阵列就是很好的一个例子，阵列中所有的结点都与他们最近的邻居距离相同。在一个长方体或者长方形阵列中，有两种不同的距离——沿着轴线的和沿着对角线的。因此，其中既存在公共边的关系（一个单位长度），还有角对角的对角线关系（两个单位长度）。对于纯粹主义者，这可以被视为是一种会使结果扭曲偏斜的、缺乏完美对称性的趋向。

等值面（Isosurfaces）

88

等值面是指其中的所有点都与某些其他点有相同的距离（人为设定的）的表面。球体就是单个点的等值面，用多个点（例如某种智能体的轨迹）你可以得到复杂的曲面结构。

JavaScript

53, 61, 70

一种程序设计语言，通常用于编写网页代码。它与 Java 语言密切相关，Java 语言的优点在于其移植性，但本书的内容与 Java 关系很少，因此不对其做深入介绍。

Koza, John

105

John R. Koza 在 1992 年曾发表过一本书《Genetic Programming》，这本书开启了人们对遗传程序设计的探索，当然包括 CECA 上的一些早期论文（在 1995—1997 年之间发表的有关遗传程序设计和 L 系统的文章）。其实早在此之前就有一些先驱者作出了很多的贡献（如 Cramer，1985 年），还有一些相关报道，例如 LEO 的一个程序员在 1950 年写过一个传送 11+ 考试信息的程序。Koza 在用 LISP 函数树描述基因组时引入了这种思想，之后这种思想就变得流行起来。本书也对其做了详尽的介绍。

Le Corbusier

113, 119

建筑师，在 dom-ino house 部分提到过。

Pask，Gordon
123, 124, 159

英国控制论专家（1928—1996 年），他提出了很多有关教育方式的理论（会谈理论），他在控制学领域作出了巨大的贡献，他的化学模拟计算机及其他装置涵盖了自创生、机器本体论和认识论的思想。很多年他的思想一直没有引起人们的重视，现在他的思想重新焕发出无限的生机。

Pet
153

Commodore Pet 最早的微型计算机之一，它用的是 Motorola MOS 6502 处理器（和第一台苹果机一样）。参见 Commodore。

表现型（Phenotype）
95, 96, 99, 102, 105, 109—111, 115, 116, 119

基因型的具体体现，运行胚胎和发展过程后产生的成熟个体。表现型就是用适应度函数来建立其生存可能性的东西。

向光性（Phototropism）
84

寻光的行为，在植物中比较常见，本书中用来形容向光机器人。飞蛾具有向光性，这就是他们绕着蜡烛飞行的原因（这是一种很愚蠢的行为——自然界中一种很不好的、但无疑是有作用的进化行为）。

Piaget，Jean
27

Jean Piaget（1896—1980 年），发展理论家和"遗传认识论专家"，他对 Seymour Papert 创造 Logo 语言产生过巨大的影响。

像素（Pixel）
35, 37, 38, 55, 80

现如今像素已经人尽皆知。

指针（Pointers）
55

在计算机中，指针是指内存中用来指示内存地址的特殊变量，其值指向另一个存储某数值的地址。例如，如果你有一个蓝色盒子，里边有个纸条写着"去看红色盒子"，红色盒子中可能装着些有用的信息。这样蓝色盒子就指向了红色盒子。某些语言像 C 语言经常会用到指针，而像 Basic 则不会。在 LISP 中，符号的内容实际上就是一个指针，你必须用关键字"quote"得到其数值。

多边形（Polygon）
87

多边的几何形状。

多面体（Polyhedra）
6

有很多面的立体图形。

Pond slime
9

一种简单的池塘居住生物，被 Maruyama 用来作为偏差放大正反馈的示范。

实证主义（Positivists）
160

盎格鲁－撒克逊地区的一次哲学运动。其思想非常鲜明，例如，其认为科学就是一种探索隐藏在客观事物中的真理的方法，而法国人尤其会讨论各种各样的真理。在本书中，实证主义被特别用来支持 Chomsky 的深层结构思想——一种有关基本层次的语言学观念，与表面结构相对，表面结构在有关地域定居点的形态讨论中被提到。

谓词演算（Predicate calculus）
27, 161

由一些定理获得证明的形式化方法。PROLOG 语言就是一个良好的谓词演算系统的例子，是 SHRDLU 的基础，GOFAI 的人就曾经用过，例如 Winograd。

Price，Cedric

123

英国建筑师，他在 20 世纪 60 年代他的项目中提出了建筑的系统观点，设计就是解决成套部件及其组合问题，实际的建筑可以被视为多种组合方法的生成结果。

产生式（Production）

71，72，73，76，77，111，121，147，159，160，161，163

产生式系统是一种递归定义的重写系统，可以由一些包含某种规则的字符串生成各种形状或句子。L 系统就是如此，在本书中对其有较多讨论。对字符串递归操作的产生规则如下：

1. 检查识别字符串中的内容（左侧内容）；

2. 将其替换为一个不同的字符串（右侧内容）以扩展生成；

3. 对新产生的字符串再次执行上述操作。

参见本书中与此有关的例子，包括引自 Douglas Hofstadter 的《Gödel Escher Bach》中的"意大利晚餐"。

编程/程序设计（Programming）

3，8，10，17，29，31，33，61，67，73，83，93，105，111，113，121，127，159，163，166—168

本书自始至终都在讲的内容。

虚拟程序代码（Pseudocode）

97

将计算机"所说的话"转变成的文字描述，但实际上它只是人们对计算机语言的一种用以交流的描述方式。最好的例子就是 Goldberg 的书，它主要是 Pascal 语言的一种雏形。

QuickDraw

55

Apple Macintosh 中的一系列最优化图像显示机器代码程序，用的是 16 位的 Motorola 68000 处理器，包含了在屏幕中即时拖拽图像的块位传送思想（之前用实时刷新是无法拖拽 Windows 中的窗口的）。Bill Atkinson 用 QuickDraw 为 Apple Mac 和 MAC PAINT 编写了图形程序，这也是 MAC 机安装的原始的用户友好的图形界面程序。

递归（Recursive）

63-65，68，71，77，79，80，115，127，141

递归函数是指能够调用自身的函数。递归函数（第一次调用之后）以其自身的运行结果作为自己的参数。说的粗鲁点就是，它吃的是自己的排泄物。这种过程是无限的；因此所有的递归过程都需要一个条件声明作为其停止条件。递归是一种内部联系的超集或者循环，但它更加有趣，经常用于产生自相似结构或分支结构。特别参见本书中的 LISP 部分。

简化论者（Reductionist）

1

简化论者认为所有的事物都可以通过剖分和归类进行解释。这种思想在机械工业中有很好的应用，但它忽略了任何部分都无法展现出的复杂系统的生成趋向，这是各部分之间的联系体现的——而这正是我们在剖分时丢失的。

Reynolds，Craig

89

人工生命的奠基人之一，他的 BOIDS 模型是体现分布式表达和生成结构思想的典型算法。

Schroeder，Manfred

125

Manfred Schroeder 著有《Fractals，Chaos，Power Laws》一书，书中对相关方面的思想做了通俗易懂的讲解，值得读者一读。

脚本（Script）

10, 23, 26

一个程序术语，通常用于简单自动任务或非专业类型编程。脚本语言不是面向计算机科学家的，也不是面向操作系统设计者或从事计算机工作的专业人员的。

串行（Serial）

1

与并行相对，每个时刻只能按预定顺序运行一个进程的思想。

SHRDLU

82, 83

Terry Winograd 在建立他的积木世界系统时创造的一种语言（在本书中是作为 GOFAI——逻辑程序的人工智能的例子进行解释的）。它也是排铸机右侧的第一行字母键的名称；左侧的是 ETAOIN，这两者包含了一些最常见的英文字母。正如本书中提到的，SHEDLU 也是 Michael Frayn 在 1965 年写的关于 AI 报纸的小说《The Tin Men》中一个人物名字。

Siggraph

计算机图形图像特别兴趣小组。由早期关于计算机图像的专门会议发展而来的年度会议。它在 20 世纪 70 年代大量基础算法问世时达到鼎盛。

Smalltalk

29, 32, 33

Alan Kay 发明的一种面向对象的程序设计语言。然而 Smalltalk 并没有流行起来，部分原因是其繁杂的递归并行结构使其运行非常缓慢。但它还是受到了一些热衷者的支持，他们认为 Smalltalk 总的来说是好的，只是……

Snow，C.P.

1

他是一位教育科学家，他在 20 世纪中写过很多文章，对科学家与艺术毕业生之间的知识隔离深表痛惜，艺术毕业生通常不懂自然科学，而科学家则需要多了解莎士比亚、巴赫还有鲁宾斯。50 年过去了，现在情况依然如此。建筑师有时可以跨越这种知识隔离，但对技术研究太多仍然会被认为缺乏艺术修养。

堆栈（Stack）

66, 77

一种基于 FILO（first in last out，即先进后出）原理的特殊数据存储方式。在递归过程中通常用堆栈存储每次递归调用产生的即时结果，在递归过程中不断压栈，递归结束后再进行弹栈。在早些时候运行深层递归时，往往会因内存不足导致溢出。

Stanford，Anderson

161, 164

他是一位建筑理论家他在 1966 年写了一篇计算机辅助设计方面的开创性论文，对逐项检查的简化式方法进行了批评，他将其称为调整方法——经过一个经由"专家客户端"的简短构建过程后，当所有的方面都可以被标记核查时，一个建筑物可以说是具有了成熟的功能。与此不同，Anderson Stanford 提出的是问题的困扰而非问题的解决方法。

StarLogo

8

NetLogo 的原始版本，1995 年 Michel Resnik 在 MIT 时提出的。

Steadman，Phil

161, 166

他著有《The Geometry of Environment》一书，介绍了一些有关几何的基础工作以及基于图形的规划表达。他现在仍旧活跃在表达领域，而且发表了很多相关书籍。他最新的一本书是关于建筑中的进化设计的。

Stiny, George

111

他创造了形状语法。他的博士学位论文在 1973 年被编辑出版，此后 20 多年中形状语法广为盛行。他对有关计算机的方法从来都不感兴趣，但 Ulrich Flemming 能够做很多有用的工作，这在 LOOS 系统中生成建筑平面到了最好的体现。形状语法的基本原理与产生式系统极为相似，都具有一个左侧内容（待识别内容）和右侧内容（替换内容），与 L 系统不同的是，它使用的是空间单元组成的图表而非字符串。

结构语言学（Structuralist）

160

20 世纪中期兴起的一种实证方法。Chomsky 就是一个典型代表，他们主张用语言学的方法设计深层结构或表面结构的理念，但在本书中是在地域建筑空间组织和关于形状语法的遗传程序设计部分提到的。

子树（Sub-tree）

106, 108, 109, 115, 116, 119

在所有分支系统中，子树是指整个树型分支结构中的部分树形结构。在 Koza 风格的遗传程序设计中，我们可以将子树集合在一起然后将其添加到自动定义函数库中以建立丰富的遗传物质。参见 dom-ino house 实验。

群集（Swarm）

1, 88—91, 125

鸟群的群居行为——参见 Reynolds。

句法（Syntactic）

2, 27, 113

句法是一种产生的语法，定义其结构的规则，与语义的含义相对。

系统（Systems）

1, 2, 8, 17, 26, 27, 29, 31, 35, 39, 41, 47, 51, 53, 68, 69, 71, 73, 75, 80, 81, 83, 85, 93, 95, 104, 105, 107, 109, 121, 124, 125, 129, 135, 136, 139, 140, 143, 151, 153, 155, 159, 160, 164, 165, 168

对系统没有一个统一的定义，最好去读一些关于系统的书。

反复的（Tautologous）

123

对所证结果进行声明或暗示的一种论证方式——循环论证。这并不适用于表示生成，因为结构生成机制必须在表达上与生成结果的结构独立。你不能通过使蜜蜂画六边形来解释蜂巢结构，而应该建立筒状叠加的自组织系统使蜂巢逐渐成形。很容易就会落入同义反复的陷阱，即使是 NetLogo 蚁群模型也不可为蚂蚁定义方向感知能力。

泰勒主义（Taylorism）

160

19 世纪末在宾夕法尼亚钢铁厂和其他大型制造厂中产生的生产率研究。其目的是将工匠的工作分解成很多的小块，按顺序安排时间和工作，这样那些未经训练的低薪工人就有能力完成熟练技工的工作。实质上就是使人像机器人那样工作。

电传打字机（Teletype）

34

一种自动打字机，通常用于输入（键入信息）或输出（打印信息）。它也经常能够产生穿孔纸带。但它工作时噪声非常大。自 VDUs（图像显示单元）价格下降和普及以来，他们通常被称为玻璃电传。

曲面细分（Tessellation）

9, 11, 15, 17, 45, 49

用重复的图案铺贴平面。

热电子（Thermionic）

84

热电子管（美国人称之为真空管）是晶体管之前的一种元器件。热电子管在第一台计算机中被用作通过电压变化改变状态的开关装置（引发数值变化）。

从整体结构开始，将其分解成许多组成成分（与自下而上相对）。这是一个简化的例子，但不适用于复杂系统。

一种形状构造方法，不进行实际尺寸的定义，而只利用各个部分之间的相互联系。例如，无论你怎样捆扎，渔网的拓扑结构都不会改变，只要你不用剪子去剪形成网孔的线。

如果说 von Neumann 设计了第一台计算机，那么 Turing 就是第一个定义通用计算机（不是 Babbage 那样的计算机）理论模型的人。参见本书中对 Turing 的介绍。

LOGO 的基本元素，你通过编程使之运动（通常就是左、右、转向等）的对象。本书很多地方都讲到了海龟。

他曾在 20 世纪 40—50 年代与 von Neumann 在一起工作。在本书中被提到是因为他用比 von Neumann 的复杂设计更精致和更具一般性的方式定义了细胞自动机的思想。他展现了即使很少的状态数值也能够生成非常复杂的系统。

CAD 中集合的一种布尔运算，就是将二者的元素合并在一起。二维或三维中的其他标准运算方式还有相减和差分。这种运算源于集合理论，因为布尔创造了作为基础逻辑运算的真值表，所以就用布尔的名字对其命名。

由 Multix 发展而来，multix 是 Bell Labs 设计的一种多用户多进程操作系统，而 UNIX 是简化的单用户版本。UNIX 现在仍然是最好的而且是设计最佳的一种系统，因为它对 von Neumann 结构的概念化使其能够为各种图灵机提供可扩展构造，现在 Apple 的计算机和 iPhone 仍在使用 UNIX 系统。

在程序设计语言中，变量是指数值可以变化的数的名称，与常量相对，常量是指数值不能改变的数的名称。在程序设计语言中经常见到像1或2这样的符号。我们将这样的符号称为常量，因此，符号1是一个常量，其值为1，而例如符号"A"就可能是一个数值可变的变量。

总的来说就是程序设计语言中圆括号内的一组数，例如（12 34 87）。但在 CAD 中，向量通常是一组的三个数，每个数表示三维空间中的一个方向，例如（1 1 2）就表示"在 x 轴和 y 轴正方向上分别移动一个单位，然后在 z 轴正方向上移动两个单位"。换句话说，向量就是你要到达某个位置需要做的一组位移变化量（你需要在直角坐标系中的当前位置上相加的位移量）。

flare（螺旋膨胀率）、spire（在与回转面垂直的方向上的延伸度）和 verm（管的增长尺寸）是 Dawkins 在《Climbing Mount Improbable》定义的参数，来描述界面的生成发展过程。

由点、线、面组成的系统中的点或交点，就像 CAD 中的多义线或立体形体中的那样。

Voronoi

11, 14—18, 45

Voronoi 图是一种基于许多点的（二维或多维的）空间网格，其中的边是根据网络能量耗费最少的原则定义的。在二维平面中，Voronoi 图是近似六边形的空间网格；在三维空间中，Voronoi 图是近似十二面体的空间网格。Voronoi 图有很多显著的特性，它形成的是效率最高的结构，但在本书中被提到是为展现自上而下生成方法和自下而上生成方法的区别。对于读者来说，阅读介绍空间网格生成的段落，可能会比单纯地理解定义容易。

Walter, Gary W.

84, 85, 87

一位美国电子工程师，1948 年他在布里斯托尔设计了世界上最早的两个机器人 Elmer 和 Elsie。在本书中，它们作为生成行为的例子被提到，生成行为是指简单系统经过耦合可以生成复杂的类生命行为。

Winograd, Terry

82, 83

他是又一位开创性的人物，如果说 Grey Walter 是 AL 的开创者，那么 Winograd Terry 就是 AI 的终结者。他的"积木世界"机器人程序在本书中被提到过——参见 SHRDLU。

Wirth

3

参见 PASCAL。

Wolfram, Stephen

164

一位数学软件设计师，在本书中被提到是因为他对细胞自动机的热衷。他的 2000 页的巨著《A New Kind of Science》做了更广的延伸，他认为宇宙的基本粒子就是计算，所有的物体实质上都是一个图灵机。

图片索引

作者和出版者感谢本书中插图版权拥有者的授权使用。我们已经尽最大的努力联系版权持有人，但如出现任何错误，我们会在以后的印刷中纠正。

Page 32
Extract from *The Early History of SmallTalk* by Alan Kay (1993).

Page 34
Courtesy of Rutherford Appleton Laboratory and the Science and Technology Facilities Council (STFC). www.chilton-computing.org.uk/gallery/home.htm

Page 36
Courtesy of Wikipedia. http://en.wikipedia.org/wiki/file.colossusrebuild_11.jpg

Page 56
Reprinted with permission of John Wiley & Sons Inc.

Page 62
Courtesy of Cargill Corporate Archives.

Page 66
Courtesy of xkcd.com

Page 82
Courtesy of Terry Winograd: published in *Understanding Natural Language*, Academic Press, 1972.

Page 85
Courtesy of the Burden Neurological Institute, University of Bristol, UK.

Page 86
Thanks to Jamie Tierney for the photograph.

Page 112 (top-left image)
Le Corbusier. Maison Dom-ino 1914. Plan FLC 79209. © FLC/DACS, 2009.

Page 131
Milsum, J. H. (ed.) (1968) *Positive Feedback*. Oxford: Pergamon Press Ltd.

Page 138 (bottom image)
From *Space Syntax, in Environment and Planning B*, 1976, vol. 3, pp. 147–185. Courtesy of Pion Limited, London.

Page 146 (top image)
Khudair Ali, MSc Computing and Design thesis, UEL Architecture and the Visual Arts.

Page 164
(top image)
Courtesy of Wolfram Science: www.wolfram.com
(bottom image)
Wilensky, U. (1998). *NetLogo 1D CA Elementary Model*. http://ccl.northwestern.edu/netlogo/models/ CA1Delementary. Center for connected learning and computer-based modelling, Northwestern University, Evanston, IL.